MANUEL

ÉLÉMENTAIRE

D'AGRICULTURE PRATIQUE

ET

D'ÉCONOMIE RURALE,

MIS A LA PORTÉE DES ÉLÈVES DES ÉCOLES PRIMAIRES;

Par Joseph BARBAROUX,

JUGE DE PAIX DU CANTON D'AUBAGNE, PRÉSIDENT DU COMICE AGRICOLE
DUDIT CANTON, MEMBRE FONDATEUR ET CORRESPONDANT DE LA
SOCIÉTÉ DE STATISTIQUE DE MARSEILLE, ASSOCIÉ CORRES-
PONDANT DE L'ACADÉMIE DE LA MÊME VILLE, MEMBRE
HONORAIRE DE LA SOCIÉTÉ D'AGRICULTURE PRATIQUE
DU DÉPARTEMENT DU CANTAL, ET DE PLUSIEURS
AUTRES SOCIÉTÉS D'AGRICULTURE DE FRANCE.

Elle montrait (Cérès) à ces hommes grossiers
l'art d'adoucir la terre, et de tirer de son sein
fécond leur nourriture.

TÉLÉMAQUE, liv. XVII.

MARSEILLE.

IMPRIMERIE D'ACHARD, MARCHÉ DES CAPUCINS, Nº 4.

1841.

RAPPORT

*Fait au Comice agricole du canton d'Aubagne,
sur un ouvrage de M. Joseph BARBAROUX,
Président dudit Comice.*

<hr>

Messieurs,

LA Commission que vous avez nommée, dans votre
séance du quatorze du mois de juin dernier, vient, en
ce jour, après mûr examen, vous rendre compte, par
mon organe, d'un ouvrage manuscrit qui vous fut pré-
senté par M. Joseph Barbaroux, Président de notre Société ; lequel ouvrage est intitulé : *Manuel élémentaire
d'agriculture pratique et d'économie rurale, mis à la
portée des élèves des écoles primaires.*

Depuis que le Gouvernement et les Conseils-généraux
de département ont encouragé, par des récompenses,
les auteurs d'ouvrages élémentaires d'agriculture, nous
possédons une foule d'écrits de ce genre ; mais la plupart, quoique excellents pour des adultes, qui possèdent
les connaissances accessoires de l'agriculture, seront peu
profitables, ce semble, à la classe de lecteurs à laquelle
ils sont destinés.

« Ce ne sont pas, est-il dit, dans le programme publié,
» en 1837, par la Société royale et centrale d'agriculture,
» ce ne sont pas des traités généraux, encore moins des
» ouvrages scientifiques que nous demandons, mais des
» manuels élémentaires, en quelque sorte des catéchis-
» mes de l'agriculture de chaque localité, avec son but
» spécial, ses exigences et ses difficultés particulières. »

Ces conditions, établies par la Société royale et centrale d'agriculture, sont dures, à la vérité, pour celui
qui s'est proposé d'entrer dans la lice ; mais elles sont

*

justes et nécessaires. Ce sont tout autant de conseils lumineux pour bien faire. M. Barbaroux a su les mettre à profit dans son ouvrage, dont je vais, Messieurs, vous faire connaître le cadre, en me renfermant dans les bornes étroites d'une analyse succincte.

(Suit l'énoncé, chapitre par chapitre, des matières traitées dans chacune des parties de l'ouvrage.)

EN RÉSUMÉ : l'usage du style dialogué, joint à la simplicité, à la clarté et à la concision dans l'exposition des vérités agricoles, voilà ce qui caractérise l'ouvrage de M. Barbaroux; voilà aussi ce qui paraît devoir le rendre éminemment utile, et lui assigner, par conséquent, un rang supérieur parmi les différents manuels d'agriculture qui ont été publiés.

Par tous ces motifs, j'ai l'honneur de proposer au Comice, d'abord d'approuver l'ouvrage de son Président, et ensuite d'en voter les frais d'impression, afin que la distribution des exemplaires puisse en être faite *gratis*. En agissant ainsi, vous acquerrez, Messieurs, de nouveaux droits à l'estime de vos concitoyens.

Aubagne, le 15 novembre 1840.

C. M. RIVIÈRE.

SIBOUR, COMMISSAIRE-RAPPORTEUR.

Le Président du Comice agricole du canton d'Aubagne ayant, dans sa séance du 15 novembre 1840, mis en discussion le rapport ci-dessus, cette assemblée, admettant les conclusions de sa Commission, a délibéré, à l'unanimité que cet intéressant ouvrage serait imprimé à ses frais, et distribué gratuitement dans l'arrondissement de Marseille.

A Aubagne, le 15 novembre 1840.

LE SECRÉTAIRE-ARCHIVISTE,

CARNAVANT.

MANUEL

ÉLÉMENTAIRE

D'AGRICULTURE PRATIQUE

ET

D'ÉCONOMIE RURALE,

MIS A-LA PORTÉE DES ÉLÈVES DES ÉCOLES PRIMAIRES.

AVANT-PROPOS.

On ne doit pas être surpris que des voyageurs aient trouvé le territoire et le ciel de la Provence, le plus beau pays et le plus beau ciel de la France, et que des poëtes aient chanté la sérénité de ce ciel. La douceur du climat, la bonté des fruits et la gaieté des habitants de cette séduisante contrée, si favorisée de la nature, y attiraient les étrangers malades et les curieux de tous les pays, notamment les Anglais. L'élévation des arbres de nos champs, nos figuiers, nos grenadiers; les oliviers qui s'étendaient et qui prospéraient au-delà de la Durance; le délicat oranger qu'on pouvait multiplier dans beaucoup de localités, telles que Hyères, Lavallette, Ollioules; des montagnes et des colines couvertes de bois et de verdure; des sources qui arrosaient quelques-unes de ces localités (1), tout cela était dû, non pas aux conceptions du génie, ni aux travaux de l'art, mais bien

____

(1) Ces sources ont disparu depuis une trentaine d'années. *Voy.* le *Mémoire de M. Toulouzan sur l'oranger.* (*Annales provençales d'agriculture.*)

à la belle et simple nature, à ses prodiges et à ses bien-
faits. O vous! sexagénaires Provençaux, qui vivez encore et qui avez vu tout cela, dites-nous si, dans ce
beau pays tout ne venait pas par enchantement; si ces
superbes figuiers, dont les fruits étaient recherchés de
toute l'Europe par leur blancheur et leur doux muci-
lage, n'attestaient pas les avantages que nous venons de
signaler?....

Il a fallu une révolution dévorante et dévastatrice,
celle de 1789, pour que nos montagnes perdissent leur
parure, pour que nos champs n'eussent plus d'abris, et
pour que l'impitoyable *Mistral* (1) ne trouvât plus
d'obstacles à exercer sur nos oliviers, sur nos vignobles,
ses continuelles fureurs. A cette époque désastreuse,
des populations entières, n'étant plus arrêtées par les
bienfaisantes lois forestières, allaient dans ces montagnes couper les bois et en enlever les racines; et bientôt
on vit jusqu'à la moindre terre végétale entraînée, par
les orages, dans les vallées, les flots ravager celles-ci et
y porter l'effroi et la dévastation. Alors on vit encore
nos montagnes et nos coteaux ne présenter que des rochers nus et desséchés, qu'un soleil toujours ardent
noircit continuellement; et aujourd'hui nos yeux cher-
chent à les éviter pour ne pas attrister notre âme et la
tourmenter par des regrets bien amers.

D'après cela, nous ne devons pas nous étonner que
les froids soient devenus excessifs et fréquents, les
orages plus violents et continus, et que les sécheresses

(1) Vent du nord-ouest qui a beaucoup de force dans nos contrées. Il règne principalement dans le printemps et l'été, saisons
des moissons et des fruits, pendant lesquelles la vigne perd souvent ses rameaux les plus productifs.

soient plus fortes et persistantes. Les nuages, qui auparavant s'arrêtaient sur ces montagnes, rendaient les pluies plus douces et plus longues ; les eaux qui s'arrêtaient aussi sur les colines, descendaient petit à petit, et empêchaient les crues d'eau, dans les ruisseaux, les torrents et les ravins, qui aujourd'hui font tant de mal dans les vallons et dans les plaines. Les terres, qui alors couvraient encore la plupart de nos montagnes, s'imbibaient de la pluie, et alimentaient les sources des environs, qui ont maintenant disparu ; et même, des puits sont, depuis lors, continuellement à sec.

Or, le changement du climat de la Provence n'est plus maintenant un problème pour personne ; nos beaux arbres, morts depuis près de cinquante ans, notamment les figuiers et les oliviers, en donnent une preuve bien certaine. Il faut donc nous occuper sérieusement de réparer nos pertes. Nous ne pourrons atteindre ce résultat qu'en renonçant à la vieille routine de nos pères.

Beaucoup de personnes croient, avec raison, qu'il pleut moins qu'autrefois, et que cela est la seule cause des sécheresses qui nous désolent depuis longtemps ; mais, qu'on n'en doute pas, celles-ci seraient moins fréquentes si les pluies d'automne n'arrivaient pas avec une violence véritablement effrayante. Il résulte de là aujourd'hui que la pluie ne fait que courir sur nos terrains, notamment sur ceux qui sont déclives, comme le sont la plupart des terres de notre province. Les pluies fortes, en effet, ne peuvent qu'entraîner notre meilleure terre à la mer, et laisser nos terrains, en majeure partie sablonneux, couverts de graviers ; et cela est tellement vrai, que souvent les terres en vignes, plantées à un mètre d'effondrement, il y a environ un siècle, n'ont plus maintenant que 5o centimètres de guéret, et qu'il faut, presque toujours, pour en planter de nouvelles, briser 5o centimètres de rocher.

Il y a donc une trentaine d'années que nous n'avons plus les pluies de Sᵗ-Michel. Ces bienfaisantes pluies duraient six ou huit jours consécutivement, soit avant, soit après le jour de Sᵗ-Michel; elles pénétraient la terre, petit à petit, et si elles n'étaient pas assez fortes pour alimenter nos sources, ce que l'on appelle dans nos pays *tempié*, du moins elles humectaient la terre à une profondeur d'un mètre 25 centimètres, ce qui suffisait pour nourrir nos arbres tout l'été. Quand elles dépassaient ce chiffre, il y avait provision pour deux ans.

Notre soleil n'est pas moins aussi radieux, aussi ardent, et, si j'ose dire, plus ardent que jadis, parce que nos terres étant plus sèches, s'évaporent beaucoup moins et ne tempèrent plus l'atmosphère, nos arbres, nos vignes donnant d'ailleurs moins d'ombre par le peu de rameaux qu'ils font.

Dans cet état de choses, nos cultures deviennent plus difficiles et insuffisantes, et la stérilité de nos champs ne doit plus nous surprendre, lorsque nos guérets ont à peine 25 centimètres de profondeur au lieu de 38; le piochage 12 centimètres au lieu de 18. Nos arbres, trop surchargés de bois, s'épuisent en portant plus de fruits qu'ils ne peuvent en nourrir, et qui, par cela même, tombent avant leur maturité.

Nous disons que nos cultures sont plus difficiles, parce que les orages, nous amenant les eaux par torrents, serrent nos terres et les rendent plus compactes, et par conséquent plus pénibles à travailler, demandant plus de temps, et se refusant même souvent à recevoir l'araire et les légers labours du binage. On ne retient pas assez les eaux pluviales ; il faut les diriger dans des fossés , pour qu'elles puissent s'infiltrer dans les terres. Il faut creuser des ouïdes et conserver les eaux pour l'été.

Nous disons encore que nos cultures sont insuffisantes, parce que plus il règne de sécheresses, plus les terres exigent de labours pour les rendre meubles, et pour faire monter l'humidité des régions inférieures vers la superficie du sol.

D'un autre côté, nos guérets n'étant pas assez profonds, les plantes sont trop tôt arrêtées dans leur travail, et sont retenues dans leurs progrès , parce qu'elles ne peuvent pas pénétrer le terrain qui n'a pas été remué, ni amendé, lorsque surtout le sous-sol n'est souvent qu'un lit de tuf terreux ou un saffre tendre.

Disons aussi que les fumiers ne sont pas assez profondément enfouis dans les guérets, ce qui fait que les plantes s'arrêtent à la surface du sol, plus tôt séché par le soleil, et incapable, par cela seul, de décomposer les sels de l'engrais, lesquels réunis brûlent les racines des végétaux.

Généralement, nos terres ne sont pas assez tenues nettes des herbes. On les leur laisse mourir dessus. On ne prend pas assez de soin d'enlever celles qui sont vivaces. Celles-ci étant plus fortes absorbent, durant l'été, et sans utilité, le peu d'humidité qui reste à la terre, au détriment de nos céréales et de nos arbres.

Le vent du nord-ouest, appelé Mistral, est le vent dominant dans cette province ; il souffle toujours avec une violence qui étonne l'observateur. Il faut pourtant se parer autant que possible d'un mal irrémédiable, et ne pas trop laisser élever nos arbres ; car ce vent détruit souvent nos espérances , et nous prive de nos récoltes , en fatigant beaucoup ceux-là par le balancement des branches , qu'il parvient même quelquefois à briser avec fracas.

On n'a jamais pensé , dans ce pays , à introduire les instruments aratoires les plus communs. L'araire y est à peine connue ; de sorte qu'on fait presque tous les travaux à la pioche , qui est à la fois lente et dispendieuse. Il est évident , dès-lors , que les ouvriers ruraux y sont rares et la main-d'œuvre chère.

D'après ce que nous venons d'exposer , il ne faut pas se dissimuler que l'agriculture est restée stationnaire dans ce département, surtout dans l'arrondissement de Marseille. Je dirai plus , elle y est encore dans l'enfance. Il est, je ne crains pas de le dire , déplorable que les propriétaires ruraux n'aient rien fait pour elle , disons mieux , pour eux ; car ils ne se plaindraient pas autant du peu de produit de leurs champs. Ne s'occupant pas eux-mêmes de leurs terres , ne s'instruisant pas de ce qu'il y aurait à faire dans leur intérêt , tout va à vau-l'eau ; et qui en est la dupe ? Le propriétaire.

PREMIÈRE PARTIE

DE L'AGRICULTURE.

—

Demande. Qu'est-ce que l'agriculture?

Réponse. C'est la science, si je puis m'exprimer ainsi, de la nature. C'est l'art le plus précieux de tous. C'est le père nourrissier des hommes. C'est le calcul des soins à donner à la terre pour en obtenir le plus de produit possible. L'immortel Sully a dit : « Les biens que donne « la terre sont les seules richesses inépuisables, et tout « fleurit dans un État où fleurit l'agriculture. »

D. Pourquoi l'appelez-vous une science?

R. Parce que la nature, quoique soumise par le Créateur à des lois immuables, dont elle ne doit et ne peut s'écarter, est si riche et si variée dans ses effets, qu'il faut l'observer constamment, méditer sur ses travaux, la suivre dans ses développements miraculeux, l'admirer dans ses phénomènes, chercher à l'imiter dans ce qu'elle a fait, et la deviner, pour ainsi dire, dans ses résultats.

CHAPITRE PREMIER.

De la nature du sol, des engrais et des agents fécondants.

D. Quelle est la principale étude que l'on doit faire en agriculture?

R. La connaissance de la nature des terrains et leurs qualités productives.

*

D. Quelles sont les diverses natures de terres ?

R. Il y en a de beaucoup de sortes. Quelques-unes sont étrangères à la Provence, entre autre, par exemple, celle qu'on appelle la *marne*. Nous n'avons à nous occuper que de celles que nous possédons.

D. Nommez-nous celles-ci.

R. Les plus ordinaires sont les *argileuses*, les *sabloneuses* ou *calcaires*, les *crayeuses* ou *graveleuses ;* les moins communes sont les *gypseuses* et les *siliceuses*, et les plus rares les *granitiques ;* ces dernières sont les meilleures de toutes.

D. Quelles sont les terres qui possèdent à un plus haut degré les qualités productives ?

R. Celles qui contiennent le plus de parties grasses ou limoneuses, et le plus de sels fécondants, les principaux agents de la végétation. Nous mettrons en première ligne d'abord la granitique, ensuite l'argileuse qu'elle soit rouge, jaune, grise ou noire. La gypseuse, la siliceuse, la crayeuse ou graveleuse et la sabloneuse ou calcaire sont en dernière ligne.

D. Quelles sont les terres les plus faciles à travailler ?

R. La calcaire, la crayeuse et la granitique.

Les plus difficiles sont l'argileuse, la gypseuse et la siliceuse, qu'elles soient sèches ou humides.

Ces premières ont besoin de plus d'engrais, et de pluies plus fréquentes, et valent mieux pour les arbres.

Les dernières exigent plus de labour et sont préférables pour les céréales.

Lorsque la nature a mélangé ces terres, elles sont plus propres à la culture, les inconvénients des unes se trouvant compensés par les avantages des autres.

On peut faire artificiellement le mélange de ces terres, pour les rendre plus productives, comme, par exemple, l'argileuse avec la sabloneuse, etc., etc.

Le sous-sol de la plupart de nos terrains n'étant que des lits de tuf ou de saffre, on est obligé de rompre ces lits pour donner aux vignobles le guéret convenable. Ce guéret a ordinairement un mètre de profondeur, et s'appelle effondrement, et en idiome provençal *enfroundado*. Mais, comme je l'ai déjà dit, un vieux vignoble a quelquefois perdu 5o centimètres de terrain depuis sa plantation, et l'excédent du guéret n'est, en résultat, que des roches pulvérisées par les efforts de la masse en fer : cette terre graveleuse a besoin d'être amendée par des engrais.

DES ENGRAIS.

D. Qu'elle étude doit-on faire ensuite?

R. L'étude de la composition des engrais et de leur emploi pour amender les terres.

D. Dites-moi ce que c'est que l'engrais.

R. C'est la décomposition des corps entrés en putréfaction, que le temps et l'eau convertissent en terreau, ou soit en humus végétal, c'est-à-dire en terre vierge ou primitive.

D. Suffit-il d'avoir une terre bien fumée pour qu'elle produise?

R. Non, Monsieur; il faut encore l'eau pour délayer les sels que contiennent les engrais, sans quoi ils brûleraient la racine des végétaux.

D. Quels sont les meilleurs engrais?

R. Ce sont ceux qui proviennent des animaux, parce qu'ils contiennent plus de sels fécondants que ceux qui proviennent des végétaux. On appelle *compsot* ceux que l'on fait du mélange des deux précédents.

D. Peut-on employer indistinctement ces divers engrais à toutes les terres?

R. Non, Monsieur; les terrains arrosés avec des fumiers très-forts et sortis récemment des cloaques, appelés en patois *suios*, et les terres sèches avec des engrais bien consommés ou reposés, c'est-à-dire laissés en tas pendant plusieurs mois, afin de leur donner le temps de perdre une partie de leurs sels.

D. Quelles sont les matières premières dans la composition des engrais?

R. Ce sont les sels provenant des matières pourries ou fermentées; les eaux des lessives; les eaux sales et corrosives; celles des tanneries, des fabriques de teinturiers, des papeteries; les résidus des autres fabriques; les eaux des moulins à huile, etc.

Quant à ce qui est nécessaire pour retenir ces liquides, tout est bon : la sciure du bois, les feuilles des arbres, la terre enfin, sont propres à s'imbiber du liquide salin, autrement dit *purin*.

D. N'y a-t-il pas d'autres engrais dans la nature?

R. Je vous répondrai, Monsieur, ce que dit à cet égard un de nos agronomes distingués de la Provence (1): « Tout est engrais dans la nature; » et quand on voit l'embarras où se trouvent de grands propriétaires, ou leurs fermiers, faute de pouvoir se procurer des engrais, même dans les environs des grandes villes, on a de la peine à se persuader que l'homme des champs soit si peu observateur.

(1) M. Lardier, de l'Académie de Marseille, auteur de deux excellents ouvrages d'agriculture pratique.

Je reviendrai sur cet objet important, dans ma troisième partie, chapitre second, de l'économie rurale.

D. Dites-nous ce qui est encore indispensable pour la végétation. La terre, les engrais et l'eau semblent suffire pour cela?

R. Non, Monsieur; il est deux agents invisibles plus essentiels peut-être que ceux-là. Ce sont l'air et la chaleur.

L'air transmet à la terre des particules gazeuses qui aident le développement des germes, et leur communiquent la vigueur dans leur progression et leur accroissement.

La chaleur, sans laquelle tout ne serait que glace et que néant; la chaleur, raréfiant la sève des végétaux, la rend liquide, et lui permet de s'introduire dans les plus petits canaux de la plante et d'atteindre les branches les plus élevées des arbres pour alimenter celles-ci, ainsi que leurs feuilles et leurs fruits.

CHAPITRE II.

De la culture du sol et des instruments aratoires.

D. Qu'est-ce que la culture du sol?

R. Ce sont les divers travaux à faire à la terre pour en obtenir des produits appropriés à nos besoins; car la terre produirait sans culture, mais des objets dont, le plus souvent, nous ne pourrions tirer aucune utilité.

D. Comment fait-on ces travaux?

R. On les fait faire par les hommes avec la bêche, la pioche et le lichet, et par les animaux avec la charrue, le coutrier, la herse, etc., etc.

D. Parlez-nous des travaux faits à la pioche, au li-chet, au rateau, etc.

R. Ces travaux se divisent en trois parties, savoir :

1° En labour profond qu'on appelle *effondrement ;*

2° En labour moins profond dit *guéret fumé ;*

3° En labour moins profond encore qu'on nomme *superficiel*, et en provençal *grata.*

Les labours profonds sont ceux qu'on prépare pour planter la vigne et les arbres. Ils varient de 75 centim. à un mètre de profondeur, selon les localités, selon la terre, et l'inclinaison ainsi que l'humidité de celle-ci.

Les labours moins profonds sont ceux où l'on défonce les terrains de 27 à 37 centimètres de profondeur.

Les labours superficiels consistent à ouvrir à peine la terre pour en rompre la croûte et en couper les herbes.

Les deux premiers labours sont faits avec diverses bêches, telles que la bêche pointue, en patois *magaou, eyssado, trinquo ;* la bêche plate, *largeo, plato ;* la bêche à deux dents, *bichar ;* la pioche courbe pointue, *eyssadoun pounchu ;* la pioche courbe étroite et plate, *eyssadoun plat ;* et le lichet, *lichet*, qui n'est presque pas en usage dans ce pays (1) : on ne s'en sert que dans les jardins potagers, et pour les terres argileuses.

Les labours superficiels sont faits avec la petite bê-che, mais ils pourraient l'être avec le rateau, la herse, l'extirpateur et la houe, tous instruments que l'on ne connaît pas, ou qui sont peu connus dans ce pays, et dont nous parlerons tout à l'heure.

D. Parlez-nous des travaux faits avec l'araire et la charrue?

(1) C'est une bêche faite comme une pelle, que l'on fait mou-voir avec le pied.

R. Les effondrements ne peuvent être faits ni avec la charrue, ni avec le coutrier.

Avec la charrue à versoir de M. de Dombasle, on peut faire des guérets de 37 centim. de profondeur avec fumier, ainsi que tous les autres labours moins profonds.

D. Vous venez de dire que le rateau, la herse, l'extirpateur et la houe sont peu ou point connus dans ce pays ; cela ne me paraît pas possible.

R. Le morcellement des propriétés, aux environs des villes de ce département, et le peu de moyens pécuniaires des cultivateurs, sont cause de cela. Ces instruments, et bien d'autres aussi utiles et dont nous allons parler, sont trop chers pour qu'ils puissent se les procurer. Beaucoup d'entre eux n'ont pas même l'araire, qui leur épargnerait du temps et du travail. D'où il suit qu'ils font tout à la pioche.

D. Vous dites qu'il y a d'autres instruments plus utiles que l'on ne connaît pas.

R. Oui, Monsieur ; le semoir de M. Hugues ou celui de M. Pluchet, qui, dans un jour sème plus de blé que cinq hommes ne peuvent en semer en deux.

Le sécateur, qui taille la vigne avec plus de promptitude que la serpe à talon, en patois *poudadouiro*.

Le brise-motte et le rouleau, le hache-paille, la charrue à levier de M. Grangé, celle de M. Rosé : tous instruments de merveilleuse invention.

Les noms que l'on a donnés à la plupart de ces instruments désignent assez l'emploi qu'on doit en faire ; nous allons pourtant en donner une définition succincte et précise.

Les *coutriers* et les *charrues* de *MM. de Dombasle*, *Rosé* et *Grangé* servent à faire les labours les plus profonds, et pénétrent la terre jusques à 38 centimètr.

L'*araire* dit *binette* sert à faire les labours légers, et ne s'enfonce dans la terre que de 15 centim.

La *houe à cheval* s'enfonce peu, et ne sert que pour biner ; mais elle laboure à la fois un mètre de la surface du terrain.

L'*extirpateur* et le *sarcloir* servent à arracher les mauvaises herbes.

La *herse* et le *brise-motte* servent à émietter la terre.

Le *rouleau* sert à l'aplanir.

Nous ne parlerons pas de quelques instruments anciens, tels que le semoir à la main, etc., parce que leur imperfection les a fait abandonner par les bons agronomes.

Il y a ensuite les instruments tranchants à indiquer ici, comme étant indispensables aux divers travaux agricoles ; mais ils sont si connus et d'un usage si fréquent, que nous ne ferons que les rappeler ; ce sont :

La faulx, en patois *daï*, pour faucher les prés ;

La faucille, *ourame*, pour moissonner ;

Le faucillon, *faoucyo*, pour faucher les herbes des rives ;

La fourche en fer, *fourquo*, pour tourner le fumier ;

La serpe à deux tranchants, *faoussoun*, pour tailler les arbres ;

La scie, *serro*, pour enlever les branches d'arbres ;

La petite hâche, *picoussin*, pour couper les grosses branches ;

Le croissant à long manche de bois, pour couper les rameaux élevés des arbres.

Étude des travaux de préparation du sol ; des conditions nécessaires à leur bonne exécution ; des moyens de les opérer le mieux et le plus économiquement possible.

CHAPITRE III.

Étude des travaux de préparation du sol.

D. Par quels temps doit-on cultiver la terre ?

R. Jamais quand il pleut ou qu'il a plu récemment. Les guérets fumés doivent être exécutés par des temps bien secs, parce que les pieds des ouvriers, quand ces travaux sont faits à la bêche, et, quand ils sont faits à la charrue, les pieds des chevaux, tassent fortement la terre, de manière que la partie du sol tassée se durcit par la sécheresse, et, n'étant pas ramenée de longtemps vers la surface du sol, elle ne peut plus être émiettée par les labours subséquents, ce qui porte un grand préjudice au travail des plantes, attendu que celles-ci craignent moins les pierres que les mottes (1).

D. Quelles méthodes suit-on dans nos champs pour le classement des cultures et pour la préparation du sol ?

R. Ces méthodes varient beaucoup dans nos contrées, en raison de la nature et de l'état d'humidité de nos terrains.

On consacre ordinairement les hauteurs des collines et leurs pentes : 1° à la plantation des vignes en alternant par soles de terrains, en patois *oulieros* (rubans de terre qui ont une largeur de 2, 3 ou 4 mètres) où

(1) La plante sait bien distinguer la pierre de la motte, et ne perd pas son temps à percer cette première.

l'on sème du blé, des légumes, etc. ; 2° en vergers d'oliviers; 3° en vergers de figuiers; 4° enfin, en vergers
d'amandiers, etc.

Les bonnes terres sont employées en terres *bladales*
ou en prairies naturelles ou artificielles, arrosables ou
non-arrosables. En général, à Marseille, les vignobles
occupent la presque totalité des terrains. On y voit
quelques avenues de mûriers blancs et d'oliviers, et
des cordons de ces derniers arbres. Il y a aussi, autour
des bâtisses, beaucoup de vergers d'arbres fruitiers.

CHAPITRE IV.

Des conditions nécessaires à leur bonne exécution.

D. Quelles sont les conditions nécessaires à la bonne
exécution des travaux de préparation du sol ?

R. Des labours profonds et fréquents; des binages
bien faits et souvent répétés; des engrais consommés,
profondément enfouis; des sarclages faits dans des
temps opportuns.

D. La bonne exécution des travaux n'exige-t-elle
pas d'autres choses?

R. Oui, sans doute, Monsieur; mais nous en parlerons en traitant des objets qui les concernent particulièrement.

CHAPITRE V.

*Des moyens de les opérer le mieux et le plus écono-
miquement possible.*

D. Quels sont les moyens d'opérer le mieux et le plus
économiquement possible les travaux de préparation
du sol ?

R. C'est de ne pas les faire à contre saison, ni quand
la terre est trop humide ; de se servir de bons instruments aratoires ; d'avoir des ouvriers ruraux attentifs
et qui aiment leur état ; d'employer les charrues là où
elles peuvent fonctionner ; de remplacer les hommes
par les femmes et les enfants, pour tous les travaux
légers ; de profiter du moment où les ouvriers ruraux
ne sont pas recherchés, et par conséquent moins chers.

**Travaux de propagation des végétaux cham-
pêtres; des semis, des plantations et repiquages, etc.**

CHAPITRE VI.

*Travaux de propagation des végétaux champêtres
par les semis.*

DES SEMIS.

D. Vous avez parlé des terres ; mais vous n'avez pas
indiqué celles qui sont propres aux semis ?

R. Je n'en ai point indiqué parce que toutes les terres
sont propres à cela. Ce n'est que les plantes potagères

qui exigent le terreau (1), et nous n'avons pas à nous occuper de celles-ci.

D. Pourquoi dites-vous que toutes les terres sont propres aux semis?

R. Certainement; il suffit de les bien amender et ameublir, seul moyen de les rendre légères: du reste, les plus sabloneuses sont les plus promptement amendées et ameublies.

D. Qu'entendez-vous par semis?

R. Toutes graines ou semences confiées à la terre, soit pour obtenir des herbages, des céréales, des légumes, soit pour avoir des arbres.

D. Ne vaudrait-il pas mieux, pour se procurer des arbres, se servir de boutures, ou de drageons ou rejetons que de semis?

R. Quand même tous les arbres pourraient se reproduire par boutures ou par drageons, ce qui n'est pas, il ne conviendrait pas moins de se servir quelquefois de semis, pour nous procurer de plus beaux sujets et des variétés nouvelles de fruits; car c'est au semis que nous devons celles que l'on observe dans la diversité des fruits.

D. Pourquoi ne parlez-vous pas des noyaux?

R. Les noyaux n'étant que la semence de certains fruits, tels que la pêche, l'abricot, la cérise, l'azérole, etc., nous avons entendu en parler sous la désignation générique de semis.

D. Il me semble que le drageon, qui a des racines, doit croître plus vite que la graine, parce qu'il est plus fort que le semis, qui est si petit, surtout celui des

(1) Fumier mis en tas et réduit en terre.

fruits à pepins, comme la poire, la pomme, le raisin, la sorbe, et quelques autres?

R. Cependant cela n'est pas; en voici la raison:

La nature est toujours plus puissante que l'art; ce qui sort de ses mains est toujours parfait, comme son divin Créateur. Rien dans le semis n'a pu corrompre la sève, qui est enfermée dans deux enveloppes qu'on appelle en botanique *cotylédons* et qui conservent le germe. Ces cotylédons sont extérieurement visibles dans le haricot. Vous reconnaîtrez facilement cela, lorsque ce végétal lève et qu'il sort de la terre. Il y a peu de semences qui présentent cette singularité; car la plupart laissent dans la terre leurs lobes charnus, qui, comme nous venons de le dire, sont les cotylédons.

Il y a des graines qui ont, indépendamment des coty-lédons, des espèces d'ailes, qui semblent placées pour les faire voyager par le moyen des vents, comme celles de l'ormeau, de l'oseille, de la blette; d'autres ont des piquants, comme la graine d'épinard à feuilles poin-tues; d'autres ont des touffes de coton, comme la graine de laitue, etc., etc. Il ne faut pas croire que tout cela ait été fait sans motif, par pur caprice du hasard; mais bien par la volonté immuable de l'incompréhensible Auteur de toutes choses. En effet, la composition de la semence, ainsi formée, étant d'un autre principe de vitalité que telle autre qui n'a pas ces particularités, avait besoin de cette addition pour germer, ou pour se défendre de l'approche de certains insectes destructeurs. Tout est grand, tout est sublime dans la nature!

D. Comment fait-on les pépinières d'arbres?

R. C'est le plus communément avec des amandes et des noyaux, pour certains arbres, que l'on sème par rayon, en octobre, ou en février et mars, espacés d'un mètre environ, d'un rayon à l'autre, dans un champ préparé par un profond labour. Ils doivent être éloignés de 5 à 6 centim. de l'un à l'autre. On les greffe, l'année d'après, *à œil dormant*, au mois d'août, et on les arrache, dans l'hiver de l'année suivante, pour les vendre (1).

Les pépinières d'arbres à pepins ne diffèrent des précédentes que parce que les pepins doivent être semés préalablement sur des couches de terreau, pour les faire germer et les transplanter ensuite en pépinière, lorsque le sujet est parvenu à la grosseur d'un tuyau de pipe. On observe les mêmes distances, et on les greffe de la même manière que les plans venus de noyaux.

D. Comment fait-on les semis des plantes potagères?

R. On prépare un terrain, qu'on appelle *planches*, dans lequel on a fait réduire en terreau beaucoup de fumier, en le défonçant à 50 centim. de profondeur. On l'unit bien parfaitement; on l'arrose ensuite. Le lendemain, on lui donne un léger labour; on sème la graine bien claire; on unit de nouveau la planche et on la couvre immédiatement, soit l'été, soit l'hiver, d'un paillasson, pour garantir le semis des rigueurs de la saison. On arrose plus tard, avec un arrosoir à pomme percée, et, lorsque la graine est sortie, on ne la couvre plus que pendant le jour, dans l'été, et dans l'hiver, pendant la nuit.

Quand on sème *dru*, ou soit épais, les plançons restent plus longtemps à grossir et s'étiolent, et en les transplantant ils reprennent avec peine.

____

(1) On couvre les noyaux de 3 ou 4 centim. de terre seulement.

CHAPITRE VII.

Travaux de propagation des végétaux champêtres par les boutures, par les drageons et par les marcottes.

—

DES BOUTURES.

D. Qu'est-ce qu'une bouture?

R. C'est le morceau d'une branche (1) du jet d'un végétal dont on veut avoir un arbre, une plante semblable, pour en faire un sujet pareil.

D. La vigne n'est-elle pas une bouture?

R. Sans doute; quoiqu'elle vienne aussi de pepins, on ne la reproduit ici que par des provins, en patois *mayoou*, qu'on détache de cet arbuste en le taillant dans l'hiver, et qu'on plante, après les avoir mis à tremper dans l'eau, quelquefois durant une semaine. On les enfonce ensuite souvent jusqu'à 60 centim. dans la terre, sans se douter que c'est contraire aux lois de la nature.

D. D'après ce que vous venez de dire, il paraît que la bouture ne doit pas s'enfoncer beaucoup dans la terre.

R. Certainement; la bouture ne peut jamais faire un grand arbre, parce qu'il lui manque les racines pivotantes; et comme son essence est de vivre hors de la terre, il ne faut pas la forcer à faire ce qui ne lui convient pas. La bouture d'un arbre ne doit pas être enfoncée à plus de 25 à 30 centim. de profondeur; celle d'une plante, de 5 à 6 centim. seulement.

(1) On entend par branche le jet de l'année.

4

Beaucoup d'arbres viennent aussi par boutures, tels sont les orangers, les citroniers, les saules, etc.; mais il est certain que ce sont toujours des arbres nains, car ils ne peuvent avoir que des racines traçantes.

D. Qu'appelez-vous racines traçantes?

R. On appelle racines traçantes celles qui s'étendent horizontalement et qui se rapprochent de la surface du sol, par opposition aux racines pivotantes, qui sont celles qui s'enfoncent profondément dans la terre et qui mettent à même, les arbres de haute futaie, c'est-à-dire qui s'élancent dans les airs, de résister aux vents impétueux.

D. Il paraît que vous n'approuvez pas que les boutures, celles de la vigne, par exemple, restent long-temps dans l'eau avant d'être plantées?

R. Sans doute, Monsieur; il faudrait nier la détérioration des corps infusés, pour croire que cette méthode est favorable aux vignobles. Vingt-quatre heures suffisent pour ramollir le liber, à travers lequel la sève doit prendre jour.

Les boutures d'autres arbres doivent être faites en automne ou au printemps.

DES DRAGEONS.

D. Le drageon est-il une bouture?

R. Non, Monsieur; le drageon étant enraciné doit être regardé comme un plançon, puisqu'on le prend autour d'un vieux pied qui se reproduit par ses rejetons; mais attendu qu'il n'a pas de racines pivotantes comme le chêne, l'ormeau, le platane, l'azédérac, le micocoulier, etc., il ne peut faire un grand arbre, ni vivre aussi longtemps que celui dont il provient.

D. Pourquoi se décide-t-on, alors, à se servir de drageons plutôt que de sujets venus de pepins?

R. Parce qu'il y a des arbres, des arbustes, qui ne peuvent guère se reproduire autrement, comme l'olivier, le figuier, la vigne, etc. Il faudrait trop de temps pour les faire venir de graines.

DES MARCOTTES.

D. Quelle différence faites-vous entre la bouture et la marcotte?

R. Une bien grande différence, en ce que la bouture, ainsi que je l'ai dit plus haut, doit être retranchée de l'arbre, et que la marcotte ne l'est pas. On ne fait que la coucher dans la terre, en lui faisant, dans la partie inférieure, que l'on couvre de terre, une entaille circulaire, pour faciliter le développement des racines; tandis que celle-ci est, de même que la bouture, contrariée par cette opération, puisqu'elle est elle-même une branche (1), elle ne doit pas être plus profondément enterrée, car l'air extérieur est indispensable pour faciliter le travail des racines.

Quand on veut marcotter une branche, trop élevée pour la renverser dans la terre, on passe la branche, ainsi préparée, dans le trou d'un vase, en faisant descendre celui-ci jusqu'à l'enfourchure de la branche; on remplit le vase avec de la bonne terre bien légère; on l'humecte ensuite fréquemment par de petits arrosements, pour entretenir la terre fraîche. Dans l'hiver suivant, la marcotte ayant poussé des racines, on la

_____

(1) On entend ici par branche le jet de l'année, qui ordinairement n'a pas de jets latéraux.

coupe à la naissance, ou soit à l'enfourchure, et on la plante ailleurs.

Pour ce qui est du marcottage de la vigne, ce qu'on appelle provignage, en patois *cabus*, *courbaduro*, *mourraduro* ou *amourado*, on le fait en creusant un trou de 60 centim. de profondeur, sur 75 de longueur et 50 de largeur; quand on a enlevé les 60 centim. de terre, on donne un piochage au fond de ce guéret; on y met du fumier, ou des semelles de vieux souliers; on jette la terre dessus, jusqu'à ce qu'il ne reste plus que 25 à 30 centim. de vide dans le trou; on couche alors le jet ou provin, qu'on veut marcotter, sur cette terre, sans faire d'entaille, si l'on veut; on comble le trou, en laissant sortir deux yeux seulement hors de la terre. C'est là le véritable *cabus* ou *courbage*, seul moyen de remplacer les vignes mortes, et de maintenir un vignoble dans un état de prospérité constante. Cette opération est si importante que, si on la faisait bien, les vignobles ne périraient jamais (1). Le *cabus* proprement dit n'est que le couchage en entier de la jeune vigne ou du jeune courbage: bien fait, il vaut autant qu'une vigne plantée.

Quoique j'improuve tout autre méthode de marcottage ou provignage, je vais dire comment on pratique ici celui qu'on appelle *moureduro* ou *amourado*.

Quand on a préparé le terrain à peu près comme il

(1) On ne doit point prendre ce mot dans toute son acception; car *jamais* ne peut s'appliquer à ce qui est créé. Tout doit périr dans la nature; et si nous avons hasardé ce mot, c'est afin de rendre toute notre pensée. A l'aide de ce procédé, des vignes qui ont plus de 200 ans, sont encore, dans une propriété de la banlieue de Marseille, d'une fertilité étonnante!

vient d'être dit, on couche toute la vigne, et l'on fait sortir trois ou quatre jets ou coursons, à peu de distance les uns des autres. C'est d'un *vieillard* faire un *jeune homme*, qu'on me permette cette métaphore. Mais que peut-on attendre d'un bois vermoulu qui est déjà pourri aux trois-quarts? C'est un travail perdu : ces vignes durent peu d'années.

CHAPITRE VIII.

Des céréales et des légumes.

D. Qu'entendez-vous par céréales?

R. On entend par ce mot tous les menus grains propres à la nourriture des hommes et des animaux, tels que le froment, l'orge, l'avoine, le seigle, les fèves, etc., etc.

D. Il y a beaucoup de qualités de froments, nommez-nous en quelques-unes.

R. Les blés de nos pays les plus communs sont :
Les tuzelles blanche, rouge et de Sion ;
Le blé rouge à barbes, appelé *turquet*.

Les blés que nous recevons de l'intérieur sont :
La richelle ou blé du Languedoc ;
Le blé de la Bretagne, etc.

Les blés qui viennent de l'étranger sont :
Les blés de Tangarock, d'Odessa, de Trieste, etc.

D. Donnez-nous quelques règles générales pour semer les céréales comme il faut.

R. Les plus importantes sont :
1° De semer clair, de quelque nature que soit le ter-

rain, et à rayons espacés de 18 centim. d'un rayon à l'autre.

2° De semer comme le fait la nature qui jette le grain sur la terre. Nous ne devons donc le semer que peu profondément : 4 à 6 centim. suffisent pour qu'il ne se perde pas un grain.

3° De chauler avec soin (1), lorsqu'on craint que le grain ou la semence ait quelque maladie, comme le charbon, etc.

4° De choisir le grain bien mûr, et qu'il ne soit pas trop vieux.

5° De changer de semence presque tous les deux ou trois ans.

6° De varier la qualité de grains, pour ne pas en fatiguer le terrain.

7° Enfin, de ne pas semer quand il pleut, ou qu'il a récemment plu.

DU SEIGLE, DE L'AVOINE ET DE L'ORGE.

D. Que doit-on semer avant le blé ?

R. On doit semer, à la fin de septembre, le seigle et l'orge, sur un labour fait à la charrue, sans fumier, et peu profond. Ce labour se fait sur le chaume (2), en patois *restoublé.*

On sème de même l'avoine, vers le commencement

(1) On chaule les grains en les roulant dans une dissolution de sulfate de soude (80 grammes par litre de blé ou 8 kilogr. par hectolitre), en les remuant ensuite dans une fusion de chaux vive éteinte et réduite en poudre, par fusion seulement.

(2) On appelle chaume la partie du terrain qui a porté le blé, dans l'année, et où se trouve encore l'éteule, ou soit la paille, qu'a laissée le moissonneur, à la récolte du blé.

d'octobre, et plus tard quand on veut la récolter en fourrage ; mais, dans ce cas, on la mêle avec un quart de vesces, pour faucher le tout à mi-grain en mai suivant.

DU FROMENT ET DES LÉGUMES.

D. A quelle époque sème-t-on le blé?

R. Dans nos pays, on sème le blé depuis le 15 octobre jusques au 15 novembre.

Le terrain pour le recevoir est préparé avec du fumier, dans le commencement du printemps, dans l'été et dans l'automne ; on appelle ce travail *guéret d'été*, il est de la profondeur de 25 centim. environ, et l'on y récolte dessus des pommes de terre ou des haricots, quand il est fait dans le printemps. Celui qui est fait dans l'été est laissé en mottes jusqu'en octobre, époque à laquelle on brise ces mottes. On y sème le blé à la volée, on y passe l'araire, et l'on aplanit avec la bêche plate.

On n'est point dans l'usage ici de semer à rayons, comme on le fait dans le nord de la France ; c'est pourtant la meilleure méthode pour économiser la semence et pour avoir de plus grands produits.

D. Les terres emblavées ne sont donc travaillées qu'une fois quand on fait le guéret en août et septembre ?

R. Certainement ; et quelquefois même qu'une, quand on fait ce guéret en octobre, et que l'on sème immédiatement après.

Quand on sème le blé en fin novembre, la récolte est presque nulle, dans ce pays-ci, parce que les sécheresses des printemps, qui sont fréquentes, empêchent le blé, quand il est monté en tuyau, de se former dans son enveloppe, appelée balle, en idiome provençal *espiguo*.

C'est à cette époque aussi que l'on sème les fèves, les petits pois, les lentilles, les vesces, sur ce même genre de labour; j'entends à la charrue et dans les terres dites *carrés*, ou dans les *oulièros*.

On sème plus tard, en décembre par exemple, si l'on veut, des fèves et des petits pois, et ces derniers encore plus tard; mais alors ils doivent être semés sur un guéret fumé, ce qui, du reste peut avoir lieu jusqu'à la fin de février, quand il règne des pluies.

On sème en janvier, également sur le chaume, des pois pointus, et même jusqu'en avril, sur des guérets fumés; on peut semer aussi des fèves sur le chaume, pour les enfouir en mai comme demi-engrais. Cette plante, ainsi que la vesce, étant l'une et l'autre grasses, de leur nature, sont excellentes pour amender nos terres.

On sème encore, en février, sur guérets fumés, les pommes de terre, et en avril, mai et juin, des haricots de toutes les qualités.

CHAPITRE IX.

Des plantations.

—

DE LA VIGNE.

D. Quelle est la manière de planter la vigne?

R. Généralement, dans la Provence, on la plante sur deux rangs, en patois *ooutin*, espacés de 75 centim. d'un rang à l'autre, et chaque double rang ou *ooutin* est séparé par une langue de terre, appelée *ouliero* ou *soouquo*, dans le pays.

D'autres propriétaires croient mieux faire en plantant à la *languedocienne*, ou soit *en plein*. Cette méthode consiste à planter la vigne en quinconce, c'est-à-dire à ne laisser qu'un espace d'un mètre 25 centim. environ entre chaque rang ; distance qui permet de les labourer dans tous les sens avec l'araire, bien plus économiquement qu'à la bêche.

D. Cette méthode ne présente-t-elle pas des inconvénients ?

R. Oui, Monsieur ; dans le territoire de Marseille, si fortement battus par le vent de N. O., et dont les terrains sont dépourvus d'humus, ainsi que je l'ai dit dans mon avant propos, cette méthode est impraticable, parce que le peu de distance qu'il y a d'un rang à l'autre, empêche de faire de bons guérets fumés, nécessaires à la prospérité des vignobles.

On plantait autrefois sur trois ou quatre rangs ; mais on a reconnu que cette méthode facilitait la multiplication du chiendent, et on y a renoncé tout à fait.

Une nouvelle méthode s'est introduite dans nos plantations, c'est celle de planter sur un rang, *cambado*, en rapprochant les provins à 5o centim. l'un de l'autre. On laisse également une *ouliero* entre chaque rang, où l'on sème du blé et des légumes.

D. A quelle époque plante-t-on la vigne ?

R. On doit préparer le guéret, ou soit l'effondrement, dans le courant de l'été ou de l'automne, pour pouvoir la planter après les pluies de celle-ci, qui n'arrivent guère que vers octobre ou novembre. Le véritable moment est donc en décembre ou janvier. Il y en a qui en plantent jusques en avril ; mais ils ont tort, parce que la sève étant en mouvement, souvent depuis le mois de mars, l'air en a absorbé une très-grande partie, en avril, ce qui est une perte pour les provins.

La vigne étant une bouture, il ne faut pas que le
provin ait plus de 35 centim. de longueur, compris les
deux yeux qui doivent rester hors de terre. On la plantait autrefois, et des cultivateurs le font encore aujourd'hui, à 75 centim. de profondeur.

La vigne vient également de pepins; mais alors, il
faut la greffer. Elle vivrait davantage, si on la multipliait de cette manière. Elle est originaire de l'Asie.

DU FIGUIER.

D. Le figuier est-il naturel à notre pays?

R. Non, Monsieur; comme la vigne, l'olivier et le
pêcher, il nous a été apporté de l'Asie. Il est par conséquent aussi sensible au froid que l'olivier; c'est pour
cela que l'hiver rigoureux de 1820 lui fut si funeste:
nous perdîmes presque tous ces arbres, à cette époque.

D. Pourquoi parlez-vous du figuier, qui est un arbre,
avant d'avoir parlé des arbustes?

R. Parce que le figuier doit être placé parmi les boutures, puisqu'en Provence on ne le multiplie que de
cette manière-là. Il pourrait l'être parmi les drageons,
car il peut se multiplier ainsi; ou bien enfin parmi les
semis, pouvant encore être propagé de cette façon.

Or, voici comment on procède: on prend une branche de cet arbre; on l'enfonce de 35 centim. dans la
terre, avec tous les petits jets qu'elle a; on n'en laisse
qu'un sortir de la terre. Quoique beaucoup de cultivateurs en plantent durant tout l'hiver, le véritable temps
de planter le figuier est en automne.

D. Vous n'adoptez pas cette méthode, à ce qu'il me paraît ?

R. Non, Monsieur ; nous devrions renoncer à multiplier le figuier par boutures et par drageons, et adopter les semis, parce que les sécheresses, plus que le froid, les ont tellement rendus malades, qu'il faut recourir à la nature, et se procurer, par les semis, des sujets vigoureux.

Les figuiers craignent les guérets profonds, parce qu'on leur coupe les racines en les piochant. Ils craignent encore plus les effondremeuts. Il faudrait les élever en vergers, et ne leur donner que des labours légers.

D. Quels sont les soins qu'exigent les figuiers ?

R. Un élagage annuel dans le mois de mars ; un ébourgeonnement dans l'hiver, et un labour en novembre, avril et juin.

D. Quelles sont les variétés du figuier ?

R. Les variétés du figuier sont nombreuses ; nous ne citerons que celles que nous possédons en Provence, savoir :

Les figuiers appelés *fleurs*, parce qu'ils font des fruits en juin et en septembre de chaque année, et qui sont :

Le figuier gris, c'est-à-dire à fruits gris ;

Le figuier moissonne, dont les fruits participent de la figue grise et de la noire ;

Le figuier noir, à gros fruits noirs et alongés ;

Le figuier blanc, dit *messinaise*, à gros fruits blancs.

Ceux qui produisent seulement en septembre et octobre, sont :

Le figuier de Notre-Dame, à petits fruits blancs, qui mûrit en fin août ;

Le figuier marseillais, à fruits blancs ;

Le figuier trompe-chasseurs, à fruits toujours verts quoique mûrs ;

Le figuier bourjassotes, à fruits noirs ou blancs aplatis ;

Le figuier rose, à fruits blancs ou noirs, etc.

D. Peut-on soumettre le figuier à une taille régulière ?

R. Non, Monsieur ; c'est un arbre qui a beaucoup de sève, et qui, dès-lors, s'emporterait en branches gourmandes.

D. Qu'appelez-vous branches gourmandes ?

R. Ce sont des branches, souvent très-vigoureuses, qui partent de diverses parties de l'arbre, et qui enlèvent la force aux branches déjà formées. On doit les retrancher, à moins qu'on ne les destine à remplir un vide, c'est-à-dire remplacer une branche mère ou une branche secondaire malade.

CHAPITRE X.

Des arbres en général.

D. Qu'entendez-vous par arbres en général ?

R. J'entends ne traiter ici que de la propagation des arbres qui font la richesse de notre sol, et non de tous les arbres en particulier ; ce qui me forcerait à sortir des bornes d'un manuel ; car la nomenclature seule de ceux-ci, formerait presque un volume. On ne pourrait pas s'abstenir de parler de ces beaux arbres d'agrément qui prospèrent dans nos climats avec une étrange facilité, et qui nous prouvent que la terre est bonne mère

partout, et qu'elle ouvre son sein à tous les êtres créés,
soit qu'ils viennent des tropiques ou des zones glaciales.

D. Faites-vous une différence dans la manière de
planter les uns et les autres ?

R. Non, Monsieur ; tous sont soumis aux mêmes lois
de la nature. Ils ne diffèrent qu'en raison du degré de
température, ou d'humidité, où ils naissent et où ils
sont transplantés, parce que la terre a partout le même
degré de chaleur ; elle renferme partout les parties ali-
mentaires qui conviennent à chaque essence d'arbres.
Si les froids ne descendaient jamais, dans la Provence,
plus bas que 4 degrés au-dessous de zéro (Réaumur),
les citronniers et les orangers y prospéreraient comme
en Italie.

D. Qu'entendez-vous par les lois de la nature ?

R. J'entends les principes de végétation appliqués à
tous les végétaux, de quelque nature qu'ils soient ; en
d'autres termes, les règles générales et immuables dont
ils ne peuvent s'écarter.

D. Quelles sont ces règles ?

R. 1° De ne s'élever au-dessus de la surface du sol
qu'en raison de la profondeur de leurs racines, et cela,
afin qu'ils puissent résister aux orages.

2° De chercher, dans l'intérieur des terres, les sucs
nourriciers qui leur sont propres, et l'humidité dont ils
ont besoin, à quelque distance qu'ils soient de leur
tronc.

3° De se ménager des racines vers la superficie du
sol, pour recevoir les émanations atmosphériques et la
chaleur du soleil. C'est pour cela qu'il ne faut jamais,
que le sol soit sec ou humide, enfoncer dans la terre la
partie tronc du plançon plus qu'elle ne l'était à la pépi-

nière. Cette partie est facile à reconnaître étant marquée, au pied de l'arbre, par une raie circulaire que la terre y a faite elle-même.

4° Enfin, de trouver, à quelque distance que ce soit autour de lui, des engrais ou des matières grasses qui proviennent de végétaux huileux, etc., etc.

DE L'OLIVIER.

D. Puisque l'olivier n'est pas un arbre de nos pays, de quelle contrée nous est-il venu ?

R. L'olivier nous a été apporté de l'Asie, et il s'est si bien acclimaté en Provence, qu'il y est devenu le plus précieux de ses arbres de production. La culture s'en était introduite jusques à Montelimart ; mais, depuis le déboisement des montagnes, elle devient toujours plus restrainte ; elle est abandonnée, depuis longtemps, au-delà de la Durance, et si les hivers continuent à être aussi rigoureux, elle se trouvera bientôt bornée au littoral de la mer ; ce qui serait une véritable calamité pour nos contrées. Car, en 1820, ils ont péri dans la partie septentrionale du département du Var, où, depuis plus de cent ans, ils n'avaient point souffert.

Cet arbre se reproduit par boutures, par drageons et par noyaux ; mais l'usage, dans ce département, a fait adopter les drageons de préférence. On les plante depuis le mois de novembre jusques en mars. Si quelques personnes les plantent en août, nous ne croyons pas cette méthode bonne ; et comme les drageons de cet arbre n'ont pas de racine, ils ne doivent être considérés que comme des boutures, et, dans ce cas, il faut les planter au commencement de l'hiver.

Par les semis, l'olivier serait beaucoup moins sensible au froid.

L'olivier prospère bien dans tous les terrains, surtout sur les collines. C'est bien l'arbre de nos pays; car il résiste aux plus fortes sécheresses, et il ne lui faut, pour cela, qu'un guéret de 75 centim. de profondeur. C'est précisément dans les terrains pierreux qu'il paraît éternel, et qu'il semble *revivre de ses cendres.* On le plante en bordures, en allées et en vergers.

D. Pourquoi dites-vous qu'il revit de ses cendres ?

R. Parce qu'on a pu enlever tous les ceps d'un olivier mort, jusques à la profondeur d'un mètre dans la terre, sans empêcher aux racines de cet arbre de repousser, la seconde année de ce recepage, et de reproduire, par la suite, des sujets d'une vigueur étonnante, qui ont porté de beaux fruits. Il est vrai qu'on avait laissé à découvert, l'année du recepage, le trou des ceps enlevés.

DU MURIER BLANC.

D. N'est-ce pas que nos terres sont trop sèches pour y faire prospérer le mûrier blanc?

R. Cet arbre est, comme l'olivier, l'arbre de nos pays, et l'on doit s'étonner que, malgré les sécheresses constantes, qui règnent depuis longues années, il y croisse avec autant de succès ; aussi mérite-t-il que nous parlions de lui dans un article séparé.

Le mûrier s'accommode des plus mauvais terrains, pourvu qu'il y ait du fond. On le voit brillant de végétation dans le sable pur et sec. Il exige de fréquents labours, et rarement, dans nos pays, son feuillage est gelé.

Si on le laisse venir en plein vent, il s'élève majestueusement dans les airs; mais son feuillage est plus petit. Dans cet état, il craint moins la violence des vents, et fait un peu moins d'ombrage.

Cet arbre se soumet facilement à la taille; son feuillage alors est plus brillant et plus touffu. On lui laisse ordinairement, à chaque branche, un courson (1) de 4 à 6 centim. de longueur, où se trouvent souvent 4 ou 5 yeux ou bourgeons. Il vaut mieux n'en pas laisser, quand le sol est sec et pierreux.

L'une comme l'autre de ces méthodes présentent quelques inconvénients. La première affaiblit l'arbre, et la seconde expose les jets nouveaux à être plus souvent abattus par les vents, la sève étant obligée de former des yeux au travers de la vieille écorce; il vaut donc mieux laisser un courson, mais plus court.

Dans l'état sauvage, le mûrier dit *porrette* peut être taillé et planté comme la vigne; l'arbre ne s'élève pas alors, et ses feuilles, quoique plus petites, sont plus fines et plus délicates pour les vers-à-soie, lesquels donnent une plus belle soie.

Le bois du mûrier a la couleur d'un beau jaune; toutefois il ne peut servir à l'ébénisterie, parce qu'il a le centre du tronc vermoulu, comme le saule, et taché de brun. Il sert pourtant aux tonneliers pour faire des ébènes.

Quant au mûrier *multicaule* ou des **Philippines**, il ne diffère du mûrier ordinaire que par une plus belle et plus forte végétation. Ses feuilles sont d'une très-grande dimension, et plus pointues.

(1) Le courson, en patois *portadou*, est une partie du jet de l'année qu'on laisse à l'arbre pour faciliter sa végétation.

CHAPITRE XI.

Des arbres fruitiers.

DE L'AMANDIER.

D. L'amandier est-il un arbre de production de la Provence?

R. Certainement ; il donne, dans diverses contrées de cette province, des récoltes considérables. C'est un arbre des pays chauds, parce qu'il est promptement en sève. Il arrive souvent que les gelées tardives en enlèvent le fruit, car il fleurit quelquefois en janvier et février ; mais pourtant les froids excessifs ne l'attaquent pas : les hivers rigoureux de 1820 et 1830 ne l'ont pas fait périr.

C'est à tort que quelques propriétaires plantent l'amandier dans les *outins* de vignes. Ces arbustes périssent alors, ou ne produisent pas ; et, dans les endroits secs, on a vu des amandiers détruire entièrement des vignobles.

L'amandier se contente du plus mauvais terrain, et se plaît sur les collines ; mais dans les terres sèches et pierreuses, où le sous-sol n'est pas tout terre, cet arbre ne s'élève pas, reste rabougri et donne peu de fruits.

Il est étonnant que, dans ce pays-ci, on n'ait pas essayé de remplacer l'amandier par le pistachier, qui prospère dans les lieux rocailleux et secs, qui fleurit plus tard, et dont la récolte est plus sûre.

Je ne traiterai pas en détail de la végétation de cet arbre, parce que les principes généraux que nous avons énoncés plus haut, lui sont entièrement applicables. D'ailleurs, je ne puis traiter à fond les exceptions , quelque rares qu'elles soient, sans m'exposer à sortir des bornes qui me sont tracées.

DU NOYER ET DU POIRIER.

D. Pourquoi ne voit-on pas, dans nos contrées, ces beaux arbres fruitiers à hautes tiges, tels que le noyer, le poirier, etc.

R. Parce que nos terres sont trop sèches et nos terrains peu profonds. Nous n'avons ici que des arbres nains, pour ainsi dire, à cause de cela ; tandis que, dans le nord de la France, ces mêmes arbres prospèrent d'une manière surprenante.

Je ne répèterai pas ce que je viens de dire, relativement aux principes généraux que j'ai exposés dans le chapitre précédent.

DU MURIER A FRUITS NOIRS, DU GRENADIER, DE L'ABRICOTIER ET DU PÊCHER.

D. Le fruit du mûrier noir est-il un fruit de nos tables ?

R. Quoique ce fruit ne soit point servi sur nos tables, il n'en est pas moins recherché par les Provençaux. On y suppose, comme à celui du grenadier, des vertus médicinales, ce qui leur donne plus de mérite, peut-être, qu'ils n'en ont réellement : on les dit adoucissants, rafraîchissants, et bons pour les malades.

On multiplie ces deux arbres par drageons et par boutures ; il vaudrait mieux les reproduire par pepins.

D. L'abricotier et le pêcher ne se reproduisent-ils pas par des semis ?

R. Oui, Monsieur ; ces arbres viennent d'ailleurs dans tous les pays et dans tous les terrains : ils ne craignent pas qu'ils soient secs.

D. Est-il vrai que le cérisier, le griottier, le jujubier,
le prunier et l'azérolier aiment les arrosages?

R. Certainement ; ces arbres ne propèrent que
dans les terrains arrosés ou fortement humides, mais
néanmoins ils produisent assez sans le secours des arrosages. Ils aiment les terres grasses, et on ne les multiplie
que par semis. Les uns et les autres, excepté l'azérolier,
poussent tout autour d'eux une grande quantité de
rejetons.

CHAPITRE XII.

Des arbustes.

D. Quelle différence faites-vous d'un arbuste à un
arbre?

R. C'est que l'arbuste tient un juste milieu entre
l'arbre et la plante, c'est-à-dire que l'arbre s'élève
beaucoup, l'arbuste un peu moins, et la plante très-peu.

D. Nommez-nous les arbustes les plus utiles dans ce
pays.

R. Je parlerai d'abord de ceux qui produisent des
fruits pour nos tables, et ensuite, de ceux qui sont
utiles pour former des haies de clôture.

DU GROSEILLER ET DU FRAMBOISIER.

Le groseiller et le framboisier sont deux arbustes du
Nord ; ils prospèrent pourtant, dans le Midi, avec le
secours de l'eau. Ils sont, depuis quelques années, cul-

tivés en grand ; car on voit beaucoup de leurs fruits dans nos marchés.

Ces arbustes doivent être plantés à une exposition au nord. Ils se multiplient de drageons ; le framboisier surtout étend les siens bien loin de son pied : il envahit bientôt tout le terrain qui l'entoure.

Il y a plusieurs espèces de groseilliers : la plus commune est celle à fruits rouges, et les plus rares, celles à fruits blancs et à fruits noirs. Il y en a aussi une variété à gros grains blancs, appelée *groseille à maquereau*. Le bois de cette dernière est un peu épineux, et son fruit est d'un seul grain ; tandis que les autres espèces sont à petites grappes, comme le raisin.

Ces arbustes se reproduisent aussi par semis.

DES AUBÉPINES ET DU POURPIER DE MER.

D. Puisque l'aubépine et le pourpier de mer ne produisent pas de fruits, pourquoi en parlez-vous ?

R. J'en parle parce que je les crois d'une grande utilité pour défendre nos champs contre les attaques des maraudeurs et des grappilleurs. L'aubépine surtout a le double avantage d'être utile et agréable, puisqu'elle a des piquants qui se font craindre, et des fleurs printannières qui exhalent une odeur douce et suave.

D. Vous avez raison. Je ne pensais pas à cet avantage ; mais les haies vives n'ont-elles pas le grave inconvénient de sécher le terrain ?

R. Cela est vrai ; toutefois l'aubépine sèche moins le terrain que le pourpier d'Inde et le buisson ardent, et son approche est redoutable. Cette haie est préférable aux murs qui coûtent si chers et sont faciles à franchir.

CHAPITRE XIII.

De la greffe.

D. Qu'est-ce que la greffe ?

R. C'est une opération par laquelle on change la nature d'un arbre ; en d'autres termes, c'est faire produire à un arbre, qui porte de mauvais fruits, ou qui n'en porte pas, des fruits plus beaux, meilleurs, ou plus abondants qu'il ne le faisait.

D. Il nous paraît impossible que l'art soit plus puissant que la nature, et que l'on puisse, à volonté, faire produire des pêches à un amandier, des poires à un cognassier, etc., etc.

R. Non, Monsieur ; l'art ne sera jamais aussi puissant que la nature, parce qu'elle seule sait et peut créer. Mais, en employant l'art, l'homme s'est proposé d'étudier la nature et de l'aider en la trompant ; or, comme le but de celle-ci est de produire, pour peu qu'elle ne soit pas trop contrariée dans son travail, elle ne manque jamais d'arriver à ce point. Greffer n'est donc autre chose que substituer au tronc d'un arbre, ou à l'une de ses branches, partie d'une branche d'un autre arbre, en l'y appliquant de la manière que je vais indiquer. Ainsi, souvent le tronc d'un arbre ayant, dans le principe, 4 ou 6 centim. de diamètre, et la greffe 5o millim. seulement, cette dernière parvient, plus tard, à couvrir tout le pied de l'arbre et à en occuper tout le tour, au point de ne pouvoir plus être distinguée du sujet greffé.

D. On peut donc faire produire des poires à un pêcher, des pêches à un poirier, etc. ?

R. Non, Monsieur; parce qu'il faut qu'il y ait de l'analogie entre les deux espèces d'arbres que l'on veut greffer, et il paraît qu'il n'en existe aucune entre les arbres à noyaux et ceux à pepins; or, il faut greffer un arbre à noyau sur un autre arbre à noyau, comme un pêcher sur un abricotier ou sur un autre pêcher, un prunier sur un cérisier ou sur un autre prunier; et ainsi de même pour les arbres à pepins.

D. Combien y a-t-il de manières de greffer?

R. On greffe de plusieurs manières; je vais parler de celles les plus usitées, et, en quelque sorte, les plus simples et les plus faciles. Les autres, telles que la greffe à l'anneau, celle à lozange, celle à étais, etc., etc., ont été plutôt inventées pour compliquer la science que pour en rendre la pratique plus commode; on ne doit, par conséquent y attacher aucune importance, et il serait inutile de se donner la peine de les étudier.

Je mettrai en première ligne la greffe en fente, viendront ensuite la greffe en couronne et la greffe à l'œil.

DE LA GREFFE EN FENTE ET DE CELLE EN COURONNE.

La greffe en fente consiste à couper le tronc du sujet ras de terre; fendre le pied de celui-ci avec un fer tranchant, en partageant longitudinalement ce pied en deux parties bien égales; prendre un morceau de la branche de l'arbre que l'on veut substituer à l'autre (bien entendu un jet de l'année précédente) de la longueur de 10 à 12 centim. environ, de manière qu'elle ait plusieurs yeux; affuter ensuite les deux parties opposées de la portion inférieure de cette branche ou jet; l'amincir tant que faire ce peut à son extrémité, à partir de la moitié de sa longueur, en faisant attention que la partie de la greffe qui doit s'approcher du cœur de l'arbre, soit plus mince que l'autre côté, destiné à s'ajuster extérieurement avec la peau du pied greffé ; introduire après cette greffe, 5 ou 6 centim. environ, dans la fente (1).

S'il importe peu que le liber soit enlevé, dans la partie de la greffe qui se trouve dans l'intérieur du pied, il est essentiel de le conserver dans celle qui est exposée au contact de l'air ou de la terre. On serre fort ensuite le tout, avec une forte ficelle de spart, en la faisant passer tout autour, et assez pour couvrir la partie de la greffe qui est dans le pied de l'arbre. On applique dessus (sur la partie fendue) de l'argile pêtrie dans les mains. On couvre enfin tout cela de terre, en ayant soin de laisser les deux yeux de la greffe en dehors, afin de ne pas gêner la végétation.

D. Cette greffe est-elle particulière à quelques arbres?

R. Oui, Monsieur ; elle sert principalement pour la vigne et le jasmin, qui n'ont pas de liber, et que l'on ne peut greffer autrement. On la fait en mars.

D. Si la vigne n'a pas de liber, comment peut-on, comme vous venez de le dire, faire accorder le liber de la greffe avec celui du pied greffé ?

R. C'est précisément parce que la vigne n'a pas de liber, qu'on ne peut la greffer qu'ainsi ; mais alors, on n'a pas à faire accorder les libers, ou soit les peaux, qui n'existent ni au pied de la vigne, ni à la greffe, et il devient fort indifférent que la greffe soit placée au bord ou au milieu de la fente.

(1) On peut mettre une autre greffe semblable à l'autre extrémité de la fente, en observant les précautions ci-dessus indiquées.

D. Parlez-nous maintenant des autres sortes de greffe?

R. La greffe en couronne doit être faite en coupant aussi le sujet à greffer ras de terre, ou à telle hauteur de l'arbre à greffer que l'on juge convenable ; il suffit de fendre seulement la peau longitudinalement de haut en bas, de la longueur de 3 centim. environ ; de l'ouvrir, à partir de l'endroit coupé ; de prendre la partie d'un jet de 5o millim. de grosseur sur 8 à 12 centim. de longueur ; de l'affuter à sifflet, d'un côté seulement, dans sa partie inférieure (ayant les mêmes conditions que la greffe en fente) ; de l'introduire ensuite dans la fente faite à la peau, assez profondément pour ne laisser que deux yeux au plus en dehors ; de serrer ensuite, comme je l'ai dit plus haut, avec de la ficelle, et de luter avec de l'argile.

Si c'est une branche que l'on ne puisse pas enterrer, il faut mettre un chiffon sur l'argile et l'y attacher, afin d'empêcher la pluie d'emporter celle-ci et de pénétrer dans la fente.

On fait ces greffes, pour les arbres, en février et en mars.

DES GREFFES A L'OEIL POUSSANT ET DORMANT.

La greffe à l'œil, la plus commode et la plus simple de toutes, consiste (si l'on veut qu'elle pousse immédiatement, ce qu'on appelle *œil poussant*) à étêter le plan ou le sujet, à la hauteur que l'on veut ; fendre la peau à 10 ou 12 centim. au dessous de l'endroit coupé, d'abord horizontalement (1) et ensuite verticalement (2)

(1) La fente ne doit avoir que 2 ou 3 centim. de longueur.
(2) Cette seconde fente doit être un peu plus longue.

comme si l'on voulait faire un T; ouvrir avec l'ongle cette peau, que l'on ne détache pourtant qu'après avoir préparé l'œil ; prendre un jet de l'année, de l'arbre dont on désire multiplier l'espèce; enlever de ce jet, avec le greffoir, un œil, ou soit un bourgeon, en lui donnant la forme d'un bouclier à l'ancienne, comme ceci après l'avoir tracé jusqu'au bois, sur ce jet, avec un fer bien aiguisé, (l'œil se détache facilement, s'il est en sève, en poussant en biais, avec le pouce droit, le jet que l'on tient avec la main gauche); appliquer tout de suite, sur le sujet à greffer, l'œil tourné vers le ciel, et à l'endroit ouvert en T ; serrer avec des fils de spart les deux peaux détachées du sujet, sur l'œil, ou soit sur l'écusson, en ayant soin d'éviter celui-ci, dans la ligature, afin de ne pas gêner la pousse.

On peut faire cette greffe depuis le mois de mai jusqu'au mois d'août.

Si, par contraire, on ne veut pas affaiblir le sujet en l'étêtant, ou que l'œil poussant n'ait pas réussi, on doit greffer à l'*œil dormant*, ce que l'on ne fait qu'en août, ou quelquefois en juillet, quand il règne des sécheresses, ou bien à des expositions sèches.

Voici comment on doit s'y prendre :

On retranche du sujet à greffer les petits jets latéraux qui pourraient gêner l'opération ; on fend ensuite la peau en forme de T, ras de terre, ou bien au haut d'une branche, et l'on continue comme il vient d'être dit jusqu'à la fin.

Le printemps d'après, avant que les greffes travaillent, il faut couper les sujets greffés à l'œil, à deux centimètres au-dessus de celui-ci, en ayant soin d'enlever les ficelles, afin que la sève montante du mois d'avril puisse passer librement dans l'écusson.

D. Quelles sont les conditions dans lesquelles les greffes doivent être faites?

R. Autant que possible, les greffes doivent être faites sur le côté nord du sujet greffé, pour éviter que le soleil ne dessèche l'œil avant que la sève ne l'ait colé sur le bois. On ne doit greffer que dans la matinée ou dans la soirée, et par un temps sec et calme.

Il importe aussi de bien saisir le moment de la sève montante, ou descendante. et de couvrir de paille ou d'herbes, pendant quelques jours, les greffes que l'on fait dans les mois de juin, juillet et août.

D. Q'appelez-vous sève montante et sève descendante?

R. On appelle sève montante celle des mois de mars et avril, parce qu'à cette époque la sève, raréfiée par la chaleur du soleil, entre en circulation et monte dans les branches de l'arbre pour s'y élaborer; et sève descendante, celle qui, dans le mois d'août, descend dans les racines, pour se mettre à l'abri du froid de l'hiver.

CHAPITRE XIV.

Du repiquage.

D. Qu'est-ce que le repiquage?

R. C'est de transplanter des plançons, de quelque nature qu'ils soient, dans les endroits où ont manqué ceux qui y avaient été placés lors de la plantation du sol, et qui sont morts depuis; c'est, en d'autres termes, remplacer les sujets qui ont péri avant leur reprise;

c'est enfin compléter la plantation, et profiter de tout le terrain, dont une partie, sans cela, resterait sans produire.

Cette opération est également nécessaire, dans les planches d'herbes potagères, pour ne pas y laisser des lacunes improductives.

D. A quelle époque les repiquages doivent-ils être faits?

R. Les repiquages peuvent être faits dans toutes les saisons, dans les jardins potagers, et par un temps sec, lorsque la terre n'est pas mouillée. Il faut arroser les plançons repiqués, immédiatement après, pour en faciliter la reprise. Il doit en être de même pour les végétaux champêtres.

Il faut avoir soin que la racine pivotante de ces plantes ne se double pas en les repiquant, afin qu'elle demeure de toute sa longueur, dans le trou fait avec la cheville; comme aussi de couper la sommité des plançons, soit herbagers ou non, pour forcer la sève à descendre dans les racines, avec d'autant plus de raison, que cette sommité meurt presque toujours.

CHAPITRE XV.

De la taille des arbres, et particulièrement de celle de la vigne et de l'olivier.

D. Quelles sont les règles d'une bonne taille des arbres?

R. Il n'y a pas de règles particulières, parce que tout dépend de la force de l'arbre, de la bonté du terrain, du plus ou moins d'humidité, de la profondeur des labours, et des soins du laboureur. Il y a pourtant quelques principes généraux qui suffiront pour guider dans ce genre de travail.

Quand on élève les arbres en plein vent, c'est alors que la taille doit leur donner toute l'étendue qu'ils peuvent avoir. On n'a seulement qu'à les élaguer. Les arbres que l'on laisse ainsi s'emporter sont l'olivier, le figuier, l'amandier, le jujubier, le cérisier, le griottier, le sorbier ou cormier, le grenadier, le mûrier à fruits noirs, le noyer, le châtaignier, etc.

Les arbres fruitiers les plus dociles à la taille sont le poirier, le pommier, l'azérolier, l'abricotier, le cognassier, le prunier, le pêcher, et quelques autres. On leur donne la forme que l'on préfère, soit qu'on veuille les élever en gobelet ou en quenouille, soit qu'on veuille les appliquer contre un mur, c'est-à-dire en espalier, soit encore en contr'espalier ou en éventail.

D. Qu'est-ce qu'élever un ardre en gobelet, en quenouille, en espalier ou en éventail?

R. On entend par tailler les arbres en gobelet, leur donner la forme d'un verre à boire; en quenouille, celle d'une quenouille; mais comme ces deux formes permettent à l'arbre quelque développement de plus que celle en éventail, on laisse, la première année, à son tronc, un mètre ou deux d'élévation, selon la qualité de l'arbre.

On entend par tailler en espalier, donner aux arbres la forme d'un éventail, et cela a lieu d'ordinaire quand on les adosse contre un mur; quand on leur donne la même forme loin du mur, ils sont en contr'espalier; mais alors il faut les adosser contre des pieux, pour leur faire prendre le biais nécessaire à leur développement en éventail. Dans ce cas, on ne donne que 5o centim. de tronc, et même moins.

Les arbres fruitiers les plus difficiles à tailler, parmi ceux que nous venons de nommer, sont les pêchers et les pruniers. Il n'y a qu'à Montreuil, près Paris, qu'on ait trouvé les moyens de forcer le pêcher à s'étendre en espalier et en contr'espalier. Dans nos pays, il vaut mieux le laisser aller en plein vent, et l'élaguer seulement, sans quoi il s'emporte en branches gourmandes.

D. Qu'appelez-vous branches gourmandes ?

R. Ce sont celles qui partent tout à coup du tronc, ou du milieu de la première enfourchure, c'est-à-dire qui prennent un rapide et vigoureux accroissement, et ne produisent point de fruits. On ne doit les laisser que lorsqu'elles peuvent servir à remplacer quelques branches malades.

D. Quand faut-il tailler et élaguer les arbres ?

R. Pendant tout l'hiver, à partir du mois de novembre ; mais le véritable temps est en décembre.

D. Quelle différence faites-vous entre la taille et l'élagage ?

R. La différence est grande, parce que la taille n'est que retrancher quelques branches (en suivant une symétrie et une régularité parmi elles) des arbres fruitiers ou de quelques arbres d'agrément, comme le mûrier blanc et quelques autres. C'est une méthode toute particulière, qui soumet les arbres à une forme régulière qui contrarie souvent la nature, tandis que l'élagage ne consiste qu'à supprimer çà et là, à certains arbres, des branches qui se jettent sur les autres, et gênent la végétation de celles-là. C'est soulager, enfin, un arbre trop chargé de bois.

Toutes ces méthodes demandent du talent de la part du cultivateur, et une étude approfondie de l'art de former la charpente de l'arbre; la longévité de nos beaux végétaux dépend, en quelque sorte, de cet art.

DE L'OLIVIER.

D. L'olivier, le plus précieux de tous nos arbres de produit, ne mérite-t-il pas, dans ce traité, un article particulier?

R. C'est certainement un devoir pour moi d'en parler encore ici avec quelques détails; je vais le faire pourtant avec discrétion et succinctement.

L'élagage de l'olivier est de la plus grande importance; les récoltes de cet arbre dépendent de ce travail, et il est peu de cultivateurs qui soient initiés dans cet art, plus difficile que l'on ne pense, bien que nous ayons des hommes qui s'y consacrent spécialement.

Beaucoup de cultivateurs élaguent les oliviers dans le courant de l'hiver, mais les plus avisés ne le font qu'en mars, à cause des froids de janvier, époque à laquelle cet arbre est souvent en sève.

Beaucoup d'autres cultivateurs, dans ce pays, n'ont pas le soin convenable de cet arbre précieux; ils ne le fument jamais et ne le binent pas. Ils lui laissent une grande partie de ses ceps ou racines pourries ou vermoulues, et cela nuit extrêmement à sa végétation. Il est cependant facile d'enlever ce bois pourri, en faisant une tranchée d'un mètre de profondeur, d'un côté de l'arbre seulement. On trouve, dans ces ceps, de gros vers blancs à tête noire, qui ont jusques à 5 ou 6 centim. de longueur et 2 centim. de grosseur. Ces vers rongent les racines et donnent à l'arbre une maladie qu'on appelle *le noir,* parce que son écorce en devient noire ; et quelquefois alors un autre insecte, vulgairement appelé *punaise*, attaque les rameaux et dépose sur les feuilles une huile, qui finit par les noircir aussi. La surcharge de gros bois est toujours la cause de ces maladies.

Quand on a retranché ce mauvais bois, on doit mettre du fumier, ou, ce qui est mieux encore, de vieilles savates, au fond de la tranchée, et combler le fossé avec de la meilleure terre, ou avec de celle de bruyère. Cet engrais, incapable de brûler les racines, est d'une longue durée, et donne un bon fumier pour 5 ou 6 ans.

On laisse également, à ces vieilles souches, une quantité de rejetons, qu'on se garde bien d'enlever, et qui ne serait pas perdus, en les plantant ailleurs. Ces rejetons se nuisent les uns les autres, en végétant tous au même endroit, où il n'y a jamais assez d'humidité pour les alimenter tous. Il convient donc de les planter autre part.

DE LA VIGNE.

D. La taille de la vigne me paraîtrait plus facile, parce que c'est un arbuste, et qu'il n'a, par conséquent, pas besoin de développement comme les arbres ?

R. Permettez-moi de vous dire que c'est une erreur ; car la taille de ce végétal est précisément l'écueil de nos meilleurs agronomes.

On a voulu, dans ce pays, soumettre la vigne à une taille régulière, ce qui est tout à fait contraire à son état de nature. Cette régularité consiste à laisser à tous les coursons, de quelque grosseur qu'ils soient, deux yeux, et le petit œil dit en patois *agassin ;* il résulte de là, que les vignes faibles, qui ne peuvent pas les nourrir, ne font jamais de fruits, et finissent par périr. Rien n'est plus facile que de faire produire abondamment la vigne, en lui laissant beaucoup de coursons, en patois *portadous*, et beaucoup de bourgeons, dits yeux ; mais alors on épuise ce végétal, qui ne peut se réparer qu'après de longues années de stérilité.

Une autre règle veut aussi que l'on ne laisse jamais de coursons, dits *sagatos*, au pied de la vigne (je n'entends parler que des vignes vieilles). C'est ainsi que l'on rend inutiles tous les efforts que fait la sève, pour se frayer un passage au milieu d'un bois vermoulu, et qu'on la force à redescendre dans les racines, où elle va s'évaporer, par son état de stagnation, ou parcourir de nouveau les canaux circulatoires des branches presque mortes, lesquelles en absorbent les trois quarts avant qu'elle soit parvenue à la sommité de la souche, où sont les coursons. C'est ainsi encore que les souches, forcées de se jeter çà et là, croisant les bancs, empêchent de faire des piochages profonds et de bons binages, labours si nécessaires à la production et à la durée de cet arbuste.

D. Comment se fait-il que les souches croisent les bancs de vignes ?

R. Cela vient de ce que, en laissant monter le bois de la vigne, elle ne peut s'élever droite, puisqu'elle est de sa nature sarmenteuse, et que le poids de son bois, desséché par les continuelles amputations que la taille lui fait chaque année, se jette naturellement sur les côtés et sur les vignes voisines. C'est dans ce bois que les insectes s'insinuent ; ils le carient, le rongent constamment, et y trouvent, contre les intempéries de l'air, un abri sans lequels ils périraient dans l'hiver.

La vigne serait donc, dans nos contrées, d'une durée étonnante, si l'on entendait bien sa culture, et si l'on renonçait à des méthodes vicieuses ; on devrait savoir que pour tenir un vignoble dans un bon état de produit et de force, comme pour le faire durer longtemps, il ne faut laisser à la vigne que deux coursons, tant que ceux-ci ne dépassent pas la grosseur de 25 millim. ; trois coursons, s'ils ne dépassent pas 28 millim. ; quatre coursons, s'ils ne dépassent pas 3o millim. Voilà la seule méthode qui assure des produits considérables et la durée de l'arbuste ; mais il ne faut pas s'amuser à faire des doublages, ou soit, donner *vieux et nouveaux.*

D. Qu'entendez-vous par des doublages ?

R. J'entends laisser à la vigne deux coursons sur le jet de l'année, appelé en patois *vis ;* c'est ce qu'on peut appeler en provençal un *mié-espoudassagi.*

D. Que voulez-vous dire par ce mot ?

R. Je veux dire que, quand on veut ici arracher une vieille vigne, devenue improductive par vétusté ou par malfaçon, on lui laisse, pour coursons, tous les jets du courson de l'année précédente, en donnant à ces *portadous* 3, 4 et 5 yeux. On appelle cela en patois *espoudassar.* On s'imagine avoir ainsi plus de vin ; mais, hélas ! souvent ces vignes en produisent beaucoup moins, parce que, dans nos contrées, il est rare que le fruit manque à la vigne ; c'est presque toujours l'eau qui manque pour le nourrir.

D. S'il ne s'agit, comme vous venez de le dire, que de donner beaucoup de coursons, ou de bourgeons à la vigne, pour la faire produire, qu'importe qu'elle ne dure pas, quand vous pouvez en planter de nouveau ?

R. Certainement on peut en agir ainsi, dans les pays

où l'on plante la vigne avec la charrue ; mais dans celui-ci, où, pour planter cet arbuste, il faut lui donner un guéret d'un mètre de profondeur, et que, pour faire cela, il faut rompre souvent des lits de rochers, la dépense devient énorme, sans compter les trois ou quatre ans de repos à donner à la terre, avant d'y replacer des vignes, et les cinq années d'attente pour en obtenir des produits.

CHAPITRE XVI.

De la floraison.

D. Quelle est l'époque de la floraison des arbres fruitiers ?

R. Cela dépend de la qualité de l'arbre, et de la température des saisons de l'hiver et du printemps.

Lorsque l'hiver est doux, dans la Provence, l'amandier fleurit communément en février ; le noyer (1) et le pêcher, en mars ; le poirier, le prunier, le mûrier à fruits noirs, le cognassier, en avril ; le jujubier, le pistachier, en mai ; la vigne et l'olivier, en juin, etc.

D. Quels sont les temps propices à la floraison des arbres ?

R. Ce sont les temps chauds, secs et non venteux. Dans nos pays, les pluies ne sont pas assez fortes, à cette époque, pour nuire à cette belle opération de la

____

(1) Le noyer fleurit comme le châtaignier, le noisetier, le mûrier à fruits noirs, d'une manière différente des autres arbres. La fleur, qu'on appelle *chaton*, tombe tout à fait de l'arbre sans y laisser du fruit. Le fruit sort plus tard.

nature ; ce sont plutôt les grands vents, régnant alors, qui nous causent beaucoup de mal, en emportant le polen ; ce qui ailleurs peut avoir lieu par les grandes pluies.

D. Qu'entendez-vous par le polen ?

R. J'entends la poussière légère qui s'échappe du calice de la fleur, lorsque celle-ci s'ouvre pour féconder le pistil. Cette poussière légère s'appelle encore *poussière séminale*.

D. N'y a-t-il pas des fleurs sans polen ?

R. Oui, Monsieur ; les fleurs doubles n'ont pas de polen ; voilà pourquoi les végétaux à fleurs doubles ne portent pas de fruits. Indépendamment de nombreuses plantes qui ont des fleurs doubles, il y a des arbres qui en font, aussi sont-ils improductifs, comme le grenadier à fleurs doubles, qui est un arbre de nos parterres ; le cérisier à fleurs doubles, le pêcher à fleurs doubles, etc., etc.

Qu'on ne croie pas que le figuier ne fleurisse point, on se tromperait fort à cet égard. La nature est si bizarre, que l'on ne doit pas s'étonner de ses écarts. Il est évident que le figuier fleurit ; mais il fleurit intérieurement, et, ce qui l'indique, c'est une rougeur qui se montre à l'œil de la figue, quinze jours avant la maturité du fruit.

Travaux d'entretien des cultures, pendant qu'elles occupent le sol.

CHAPITRE XVII.

Des sarclages et des binages.

D. Qu'est-ce que sarcler le blé, en patois *siouclar?*

R. C'est lui enlever les mauvaises herbes, qui prospéreraient à ses dépens.

D. A quelle époque doit-on sarcler le blé?

R. Vers le 15 avril et le 15 mai.

D. On doit donc le sarcler deux fois?

R. C'est une opération si importante, qu'il faudrait la répéter trois fois plutôt que deux ; mais un mauvais usage veut qu'on ne sarcle qu'une fois. Les mauvaises herbes croissent, dans ce pays-ci, avec tant de force et de rapidité, qu'elles absorbent le peu d'humidité que nous avons ordinairement, dans les printemps, presque toujours secs.

D. Pourquoi dites-vous que les mauvaises herbes croissent, dans ce pays, avec tant de rapidité, n'est-ce pas ainsi ailleurs, dans le Nord, par exemple?

R. Non, Monsieur ; parce que nos terres étant plus chaudes, le soleil plus ardent, pour peu qu'il pleuve, les mauvaises herbes s'emportent en vigueur, et s'étendent tellement, qu'elles étouffent les céréales et les légumes, en absorbant toute l'humidité qui profiterait à ceux-ci.

Comme vous le voyez, le sarclage est aussi nécessaire aux légumes qu'aux blés, et ces premiers ont également plusieurs fois besoin de cette façon, dans le printemps.

Le sarclage est encore indispensable , plusieurs fois dans l'année, à la prospérité de l'arbre et de l'arbuste , à la fructification de la vigne surtout, que l'on ne bine , *resclaoure,* qu'une fois, en mai ou en juin , et qui reste ensuite trois mois sans culture , épuisée par des plantes même bisannuelles , telles que le caillelait, le fenouil , la roquette sauvage , le navet et la carotte sauvages , etc. , etc.

D. Qu'est-ce que le binage ?

R. C'est donner un second labour aux plantes et aux arbres. Il a lieu au printemps. Ce labour, quoique peu profond, donne la plus grande fraîcheur aux végétaux, et leur tient lieu d'arrosage.

D. Pourquoi dites-vous que le binage tient lieu d'arrosage aux plantes et aux arbres ?

R. Parce qu'en travaillant la surface de la terre , on facilite l'évaporation de ses régions inférieures, l'humidité étant attirée par les rayons du soleil.

D. D'après ce que vous venez de dire, vous forcez cette évaporation ; ne vaudrait-il pas mieux la retenir, l'empêcher même, afin que les végétaux en profitassent ?

R. Non , Monsieur ; il importe fort peu que les végétaux aient de l'humidité hors de leur portée, dont ils ne peuvent profiter ; c'est comme s'ils étaient placés à côté d'un bassin bien cimenté. Mais, en binant, les feuilles aspirent cette évaporation et en absorbent une très-grande partie. D'un autre côté , le binage ouvrant la terre , celle-ci attire également à elle les gaz , ou soit cette partie de l'air atmosphérique qui est nécessaire à la terre , et par conséquent aux racines des végétaux.

CHAPITRE XVIII.

Des buttages.

D. Qu'entendez-vous par buttages?

R. J'entends une opération par laquelle on couvre, *caoussar*, le pied des végétaux avec de la terre, pour les garantir du froid, en hiver, et de la sécheresse, en été.

Dans ce pays-ci, on ne butte presque jamais durant l'été, et cela serait pourtant bien nécessaire. On butte seulement en hiver, pour les garantir des froids rigoureux, les plants d'artichauts et de câpriers. Je ne sais pas pourquoi l'on ne butte pas les figuiers et les oliviers; cela les garantirait beaucoup dans les calamités semblables à celles qui nous ont plusieurs fois affligés depuis 1820. Il est vrai que ce serait un peu plus de travail.

Travaux qui ont pour but la récolte.

CHAPITRE XIX.

Récolte des céréales et des légumes.

D. Quelle est la première récolte de nos campagnes?

R. Ce sont les blés, et surtout les tuzelles blanches et rousses.

Les moissons commencent vers la fin de juin, dans l'arrondissement de Marseille, et toujours un peu plus tard en s'éloignant de la ville.

Elles sont faites ainsi qu'il suit:

Après avoir scié les blés, en patois *meissounar*, et mis en gerbes, *garbos*, on réunit celles-ci en petits tas, et plus tard en gerbiers , *garbeirouns* , disposés de manière à ne pas craindre la pluie. On laisse ainsi ces gerbiers pendant seulement deux ou trois jours. Avant de fouler les blés , *caouquar*, sur l'aire , *yero*, on étend les gerbes au soleil , par petits tas , les épis tournés vers le ciel , pour les faire bien sécher, et l'on a soin de les remettre en tas , *garbeirounar*, tous les soirs.

Le jour du foulage venu , on jette les gerbes en rond , les épis tournés vers le milieu de l'aire ; on y fait courir dessus , toute la journée , les yeux bandés , un , deux , trois ou quatre chevaux ou mulets , suivant le nombre des gerbes ; c'est ordinairement de 200 à 250 gerbes par cheval. On le vente ensuite , si l'on a le vent favorable , pour séparer le grain de la paille ; on le passe après à un crible , qui laisse tomber le grain , et on l'enferme , pour le vaner (1) plus tard , quand on veut le vendre.

D. Quels instruments emploie-t-on dans ces travaux ?

R. Indépendamment de ceux dont je viens de parler, on se sert de la fourcho , *fourquo* , en bois à trois dents et d'une large pelle en bois , en patois *trepalo*.

On fait à peu près la même chose pour l'orge , l'avoine , le seigle , ainsi que pour les légumes , tout ces grains étant mûrs à la même époque. Toutefois, il ne faudrait pas laisser les lentilles en tas , parce que ce légume est tout de suite attaqué d'un insecte qu'on appelle ici *courgoussoun* , qui dévore en peu de temps la partie farineuse du grain , et n'y laisse que le germe. On les

(1) Le van est un crible qui laisse passer la terre et le mauvais grain ; et qui amène et réunit au-dessus du blé les bâles et la paille qui peuvent avoir resté dans le blé en le ventant.

ébouillante, aussitôt après la récolte, pour éviter cet inconvénient.

—————⸎—————

CHAPITRE XX.

Récolte des raisins.

D. A quelle époque récolte-t-on les raisins?

R. C'est selon la maturité de ces fruits. Le muscat mûrit vers la mi-août; les autres raisins, au commencement de septembre, si la vigne a poussé de bonne heure, c'est-à-dire au mois de mars.

Ainsi, les panses communes et les panses muscades, que l'on sèche ordinairement, doivent être cueillies avant les vendanges, quand on ne veut pas les conserver fraîches. La panse muscade ne pouvant se conserver ainsi, doit être séchée.

Pour sécher les panses, autrement dit pour les bouillir, on les étend sur des claies en roseaux, *canissos*, après les avoir nettoyées des grains gâtés, séchés ou pourris. On les expose au soleil, ce jour-là, pour leur faire bien évaporer l'humidité qu'elles peuvent avoir. On les ébouillante, le lendemain, dans de la lessive (1) bien forte et bien bouillante, en les trempant plusieurs fois de suite (chaque grappe pendue à une ficelle de chanvre), jusques à ce que les grains soient légèrement fendus, ou seulement la peau gercée. On les place de nouveau sur les claies, et on les expose au soleil, pendant environ six jours, en ayant soin de les tourner

____

(1) Cette lessive est préparée la veille avec de la bonne cendre de bois, que l'on fait bouillir pendant environ quatre heures. On la tire au clair, avant d'ébouillanter les panses.

sans dessus dessous plusieurs fois par jour. On les enferme ensuite dans de cabas, en patois *coufins*.

D. A quoi connaît-on qu'un vignoble est à vendan-
ger, c'est-à-dire que les raisins sont mûrs?

R. Lorsque les raisins noirs sont parvenus à avoir la
peau bien noire, et que le grain se détache facilement
de la grappe. On doit observer cela sur le morvèdre,
l'uni noir, le peyrard, l'olivette noire, etc., etc.

D. Quelles sont les qualités de raisins qui mûrissent
plus tôt?

R. Ce sont les raisins blancs tels que le pascal blanc,
l'uni blanc et rose, le colombaou, le plan de Languedoc
ou belle vigne, le salé, etc.

D. Quand on veut faire du vin blanc, quelles sont
les qualités de raisin dont on doit se servir?

R. Celles qui ont le grain bien blanc, comme le pascal et l'uni blancs, parce que le principal mérite de ce
vin est d'être bien clair. Il faut aussi le mettre dans des
tonneaux consacrés à cet usage.

D. Doit-on faire le vin blanc d'une manière différente du vin rouge?

R. Non, Monsieur; après avoir pressé les raisins, on
met le moût dans la cuve; on le soutire de suite pour
ne pas le faire bouillir avec le marc des raisins, et on le
met dans des tonneaux, où il commence et achève de
bouillir et de se faire. Il faut le transvaser plus tôt que
le vin rouge, parce qu'il a plus de lie que ce dernier,
et tenir les tonneaux journellement pleins, en patois
huyar.

D. Expliquez-nous comment on opère pour faire les
vins.

R. On prépare la huche ou pétrin en bois, en la

9

mouillant, plusieurs fois par jour un peu avant les vendanges (1). On y verse les raisins; un homme, à pieds nus, les presse fortement et les écrase; on enlève les grosses grappes, pour que le vin soit plus fin. On verse ensuite le moût dans la cuve. Quand celle-ci est pleine, on laisse bouillir le vin, jusques à ce que la rafle, qui s'élève en bouillant, soit redescendue au point où elle était le premier jour, ce qui a lieu, selon les années et le temps, les 3me, 4me ou 5me jours après la vendange. C'est alors que le vin a terminé sa fermentation tumultueuse et qu'il est fait, et c'est alors aussi qu'il faut le décuver pour le mettre dans des tonneaux bien propres et avinés (2), où il achève sa fermentation vineuse.

Il faut avoir la précaution de surveiller les vendangeuses, pour leur faire enlever des raisins les grains verds, secs ou pourris, afin de ne pas donner un mauvais goût au vin.

La grappe qu'on enlève des raisins doit être mise dans un tonneau, avec de l'eau, pour faire de la piquette, *trempo*; mais quand on veut faire de la bonne piquette, il ne faut pas, comme le font la plupart des cultivateurs, mettre cette piquette dans la cuve, après le décuvage du vin, parce qu'elle donne une âpreté à la première piquette que l'on fait sur le marc de cette cuvée. On laisse bouillir 24 heures, après quoi on l'entonne, pour faire la deuxième piquette, en ayant soin d'ôter 6 ou 8 centim. d'épaisseur du dessus de la rafle

(1) On n'a pas besoin de faire cela, quand le pétrin est en bâtisse; on ne fait alors que le laver seulement.

(2) Les tonneaux sont avinés en les tenant constamment bien nettoyés, et remplis de vin une partie de l'année.

ou marc de raisin, qui est toujours aigrie. On laisse bouillir cette seconde piquette de 3o à 36 heures de temps, et on la décuve, pour faire la 3me piquette, ainsi de suite pour les 4me et 5me, en ayant soin, chaque fois, d'enlever le dessus du marc de raisin, avant de mettre l'eau, et de laisser bouillir la piquette 4 ou 6 heures de plus que la dernière. Il faut avoir le soin aussi de bien remplir les tonneaux jusques à la bonde et de les bien boucher.

Les ustenciles dont on se sert dans les vendanges, sont :

Des cabas, *coufins*, pour les vendangeuses, ou des corbeilles en osier qu'on appelle *banastos*. Les vendangeuses ont, en outre, leur serpette.

Des grandes et des petites ébènes en bois de mûrier ou de châtaignier, appelées en patois *cornudos* ou *cornudouns*.

Un récipient en bois, *recebedouiro*.

Une casse en bois pour prendre le moût, *bartingaou*.

D. Que fait-on quand on a rempli les tonneaux de vin?

R. On doit avoir l'attention de les tenir toujours pleins jusques à la bonde, et de les bien boucher, à l'approche de la St-Martin ; afin qu'ils ne prennent pas de l'air, ce qui les ferait aigrir.

Pour faire de bons vins, il faut les soutirer une fois, à l'approche du printemps, pour l'ôter de dessus leur lie, qui les fait travailler, et les rend louches quelquefois. Si ou les soutirait encore une fois, en juillet ou en août, ce ne serait que mieux.

D. Qu'est-ce que soutirer le vin ?

R C'est transvaser le vin d'un tonneau dans un autre. Par ce moyen, on lui enlève les corps étrangers qui forment ce dépôt qu'on appelle lie, en patois *lié*.

CHAPITRE XXI.

Récolte des pommes de terre.

D. A quelle époque récolte-t-on la pomme de terre ?

R. Dans nos pays secs, nous sommes obligés de la récolter en juillet ou en août, parce qu'à cette époque, la sécheresse lui faisant suspendre son travail, elle ne peut y prendre l'accroissement dont elle est susceptible. Si donc on la laisse dans la terre, les pluies qui surviennent en septembre la remettent en végétation, et, au lieu que ses tubercules grossissent, comme cela a lieu dans le Nord, elle pousse d'autres pommes de terre qui restent tellement petites, qu'on ne peut pas même les donner aux porcs. Cet inconvénient serait encore le moindre, si la pomme de terre ne prenait un goût de légume qui dégoûte l'amateur de ce végétal.

Cette récolte doit être faite par un temps sec et le terrain maniable. Quoiqu'ici on arrache ce légume de la terre avec la bêche, il peut être arraché avec l'araire ; comme on le fait en beaucoup d'endroits.

Il faut avoir la précaution de mettre les pommes de terre dans des greniers à foin, en leur faisant occuper le plus de superficie possible, afin d'éloigner l'instant où elles commencent à germer, ce qui a lieu ordinairement en décembre, et souvent plus tôt.

CHAPITRE XXII.

Récolte des haricots.

D. Dans le territoire de Marseille, sème-t-on assez de haricots pour en faire la récolte au sec ?

R. Non, Monsieur; on les récolte en verd, pour les vendre au marché ou les manger dans les ménages; cependant, comme il y a quelques endroits, dans les départements voisins, et même dans celui des Bouches-du-Rhône, où l'on en sème beaucoup, on en récolte au sec.

La récolte, dans ce cas, doit être faite comme pour tous les autres légumes, c'est-à-dire en les battant avec des fléaux (1), ou en les faisant fouler par des chevaux, mules ou mulets, pour les détacher de leurs gousses. On les vente ensuite, et puis on les enferme.

D. A quelle époque récolte-t-on les haricots?

R. Cela dépend de l'époque où on les a semés : ceux que l'on sème en avril doivent être récoltés en juillet; ceux semés en mai, doivent l'être en août; ceux semés en juin, doivent l'être en septembre, etc., etc.

⟡

CHAPITRE XXIII.

Récolte des amandes.

D. Faut-il avoir beaucoup d'amandiers pour faire des récoltes de ce fruit?

R. Dans la Haute-Provence, on cultive cet arbre en grand, et quoique le produit ne réponde pas, toutes les années, aux soins qu'on lui prodigue, il ne manque pas de donner de grands profits, parce que l'amandier ne pouvant produire dans les contrées du nord (2), ni dans

(1) Ce sont deux forts bâtons, liés ensemble par un de leurs bouts, au moyen d'une courroie en cuir. L'ouvrier tient un de ces deux bâtons dans sa main et frappe de l'autre.

(2) Dans le Nord, le grand froid ne tue pas l'amandier, seule-

le midi de notre province, comme à Marseille, par exemple, son fruit sera toujours un bon article de commerce pour ces contrées-là.

L'amande mûrit vers le commencement de septembre, et l'on reconnaît qu'elle est mûre lorsque sa première enveloppe se sépare de la coque. On la fait tomber des arbres avec de longs roseaux, *acanar*. On sépare ensuite la première enveloppe de la coque, et l'on fait sécher l'amande au soleil, sur des claies, pour la conserver ainsi plusieurs années.

Il y a différentes qualités d'amandes. La première qualité, que l'on appelle surfine ou pistache, a la coque si fine qu'on la casse sans presser presque les doigts; la seconde qualité, appelée mifines, a la coque que l'an casse en appuyant fortement dessus; la troisième qualité, appelée commune, a la coque très-dure et que l'on ne peut casser qu'avec le marteau. Les deux premières qualités sont très-chères.

<hr>

CHAPITRE XXIV.

Récolte des figues.

D. N'y a-t-il pas de pays, en Provence, qui fassent des récoltes de figues, comme d'autres en font d'amandes ?

R. Oui, Monsieur; il y en a beaucoup plus de ces premiers, principalement dans le département du Var, où la figue blanche, dite marseillaise, est encore meilleure qu'à Marseille, d'où elle tire son nom.

On en fait des envois considérables à Paris. Pendant

ment il l'empêche de fleurir ; à Marseille il fleurit trop tôt, et les giboulées de mars font couler les fleurs.

le temps de la guerre elles s'y vendaient fort cher, parce qu'il n'en venait pas alors de la Calabre et de l'Espagne; celles-ci ne sont pas meilleures, bien s'en faut, mais elles coûtent moins.

D. A quelle époque les figues sont-elles mûres ?

R. Je ne reviendrai pas sur ce que j'ai dit, dans mon chapitre 9, à l'égard des *figues-fleurs* que l'on vend fraîches, je me bornerai à parler des figues qui mûrissent successivement en septembre et octobre.

Les premières mûries sont celles qui sont les plus belles, les plus blanches et les plus délicates au goût. On les cueille bien mûres, et il faut pour cela qu'elles aient *la larme à l'œil* (1), la peau bien fendue et qu'elles pendent sur leur pédoncule.

On les met alors sur des claies en roseaux, et on les expose au soleil tout le jour, en ayant l'attention de les tourner de temps en temps. Après 6 à 7 jours d'exposition, elles sont assez sèches pour être enfermées.

CHAPITRE XXV.

Récolte des jujubes et des grenades.

D. Est-il possible que la jujube ne soit pas, comme l'azérole, un fruit de fantaisie, et se peut-il qu'il y ait des pays où l'on en récolte une grande quantité?

R. Il y a, dans le territoire d'Aubagne, un quartier qu'on appelle Baudinard, qui est tout plat et arrosable. Les jujubiers y viennent avec une excessive facilité. Là

---

(1) On entend par *la larme à l'œil* la goutte de sirop qui s'échappe de l'œil de la figue, dans les années pluvieuses.

on cueille les jujubes en fin septembre , bien mûres , c'est-à-dire froncies , et on les fait sécher au soleil , sur des claies en roseaux.

C'est à cette époque aussi que l'on cueille les grenades , qui , pour être bien mûres , doivent avoir la peau jaune. On les attache par leur pédoncule , et on les pend pour les conserver. Il faut éviter qu'elles ne se heurtent, parce que cela les meurtrit et les gâte.

On ordonne ces fruits aux malades , comme pectoraux et rafraîchissants , voilà pourquoi on les recherche pour eux.

CHAPITRE XXVI.

Récolte des bettes.

D. Que pensez-vous de la betterave , considérée comme produit saccharin ?

R. Que la découverte du produit saccharin de la betterave est un bienfait pour l'humanité, comme l'a été pour la France l'introduction de la culture de la pomme de terre, due au célèbre Parmentier. Celle-ci entre aujourd'hui pour un cinquième dans l'alimentation des habitants du sol français; sans lui, nous n'aurions pu échapper à la famine en 1816 et 1817 , époque à laquelle les blés manquaient entièrement.

D. Pourquoi dites-vous un bienfait pour l'humanité ?

R. Parce que cette plante prospère dans tous les terrains , humides ou secs ; qu'elle y acquiert une grosseur prodigieuse, pourvu qu'elle ait de la profondeur dans le terrain ; et qu'elle est très-nourrissante et recherchée par tous les animaux.

Parce que sa feuille est avidemment mangée par les bestiaux, aussi bien que sa pulpe, lors même que celle-ci a été dépourvue de son sirop.

Parce qu'enfin elle donne une nourriture excellente pour les bêtes à cornes, qu'elle fournit les moyens d'en élever dans les pays montueux, peu propres à produire du fourrage, et qu'elle est, par cela seul, une source féconde de prospérité publique.

Combien ne devra-t-on pas de reconnaissance au gouvernement actuel, pour avoir favorisé la culture d'une plante qui met, pour toujours, la France à l'abri d'une disette de bestiaux!

Il ne conviendra pourtant jamais, dans les propriétés rurales du territoire de Marseille, de cultiver la bette-rave pour la livrer au commerce. Les terrains y sont trop chers et trop secs pour nous procurer des bénéfices; mais il y a des contrées, dans la Provence, où elle offrira toujours de fort grands avantages.

Cette précieuse plante doit être récoltée en octobre ou en novembre. Il faut arracher les racines avec précaution; les bien laisser ressuyer et leur enlever la terre avant de les enfermer dans des silos (1); il faut surtout leur couper l'extrémité supérieure, pour empêcher qu'elles ne repoussent dans l'hiver.

(1) Creux profonds, faits dans la terre, pour conserver, en les entassant, toutes sortes de racines. On les recouvre d'abord de paille et de terre après.

CHAPITRE XXVII.

Récolte des olives.

D. Est-il vrai, comme on le dit, que l'olivier ne donne de récoltes que tous les deux ans?

R. Voilà une grande erreur. L'olivier étant soumis aux mêmes lois de la nature que les autres arbres devrait, comme eux, produire tous les ans; mais attendu qu'on ne l'élague pas assez la première année qu'il porte, ayant trop de fruits pour les nourrir, il s'épuise, s'affaiblit, et, par suite de cet épuisement, il a besoin de l'année suivante pour se refaire et se préparer à nourrir d'autres fruits l'année d'après, ce qui est même différé si l'année du repos est une année de sécheresse. D'un autre côté, l'olivier étant un arbre qui garde son fruit jusqu'à l'hiver, il en nourrit la moitié à pure perte, parce que les grands vents du N.-O. le secouant violemment tout l'été et toute l'automne, le fatiguent excessivement, en lui brisant souvent des quartiers qui portent encore des fruits. Ces vents, presque toujours tempétueux, en font tomber beaucoup avant novembre et décembre, c'est-à-dire avant qu'ils aient atteint leur maturité.

A Marseille et à Aix, afin d'obtenir un huile plus douce, on n'attend pas la parfaite maturité, puisque l'on fait cette récolte en octobre, époque à laquelle l'olive est encore verte; de cette manière l'huile conserve le goût du fruit, ce qui plaît fort à tout le monde.

On cueille les olives en les faisant tomber, en frappant sur les rameaux avec un roseau, après avoir étendu sous l'arbre des charriers, dits *flouriés*. On les transporte ensuite dans des corbeilles ou dans des ébènes, et on les met dans un grenier bien sec, où on les tourne souvent, pour empêcher qu'elles ne s'échauffent. Quand on en a quelques *maultes* (1), on les porte au moulin, où elles sont déposées, pour prendre chaleur, dit-on, dans une casse en maçonnerie, en patois *ouari ;* on les écrase ensuite sous la meule, que fait mouvoir un cheval, et, pendant trois heures, un homme pousse sous la pierre, d'abord les olives et ensuite la pâte. Cela fait, on met cette pâte dans des cabas fermés d'un côté, dits *scourtins*, qu'on remplit jusques à un certain point pour les empiler ensuite, au nombre de 10 ou 12, sous une presse que cinq à six hommes vigoureux font fonctionner.

Dans le Var, on fait de l'huile vierge, en recevant séparément celle qui découle des cabas, avant de leur jeter de l'eau bouillante; mais cela ne se fait pas ainsi, dans les environs de Marseille, parce que les olives sont fraîches, et n'ont pas fermenté, en tas, avant la pression, comme dans le Var.

D. Pourquoi dites-vous fraîches?

R. Parce que, dans le département du Var, les récoltes d'olive sont si considérables qu'on est obligé de les enfermer dans des fosses en maçonnerie, appelées *luegos*, où on les entasse, autant que l'on peut, afin de les conserver, en attendant leur tour de détritage. Avant la mortalité des oliviers, survenue en 1820, les moulins fonctionnaient jusqu'à Pâques ; mais l'huile faite si tard n'était plus bonne que pour les fabriques à savon.

D. Continuez de nous retracer les opérations des moulins à huile.

____

(1) Mesure de 10 ou 12 cabas, pesant environ 200 kilogrammes.

*

R. Durant la pression, l'huile et les eaux huileuses s'écoulent de la pile, dans une petite rigole, entaillée dans une pierre froide, sur laquelle reposent les *scourtins*, et sont reçues dans de petites ébènes en bois, *cornudouns*, pour être ensuite versées dans une cuve qui a une ouverture au fond, que l'on bouche avec une cheville. On appelle cette cuve *esperanço*. Elle est placée à côté de la chaudière dans laquelle on tient de l'eau bouillante, pour jeter sur les piles de *scourtins*; on défait ensuite les cabas; on en remue la pâte; on les replace sous la presse, en jetant, dessus chaque cabas, une casse d'eau bouillante. On les presse de nouveau, et tout ce qui s'écoule de la pile va encore dans la pile ou *esperanço*, pour s'y reposer deux ou trois heures environ. Ce temps écoulé, le maître meunier, appelé *triairé*, bat légèrement, avec un petit balai, la surface de l'huile (1), et, avec une casse et un autre ustensile en feuille de cuivre, en guise de soucoupe, appelé en patois *lipé, lamo fuigeo* (2), commence à enlever l'huile et le verse sur un tamis, placé sur un chaudron en cuivre, qui est également à côté de la chaudière. Enfin, le résultat de cette dernière opération est mis dans des barils qui contiennent 33 litres et demi. Mais avant de jeter, dans l'*espérance*, de nouvelles huiles, on enlève la cheville, qui, comme je l'ai dit, est au fond de la cuve, et toute l'eau s'en va dans des bassins creusés dans la terre, appelés *enfer*, dont, plus tard, on

(1) Il bat ainsi l'huile pour faire précipiter, au fond de la cuve, les parties aqueuses qui surnagent à la surface de l'huile.

(2) Cet ustensile est plat comme une assiette. La casse est en cuivre et contient ordinairement deux kilogrammes d'huile.

enlève encore beaucoup d'huile, que le maître meunier
et le propriétaire du moulin partagent entre eux.

CHAPITRE XXVIII.

Des prairies.

D. Ne peut-on pas avoir des prairies sans arrosages ?

R. On peut avoir des prairies naturelles et même
des prairies artificielles, non arrosables.

Il y a très-peu des unes et des autres dans la banlieue
de Marseille, parce que les terrains y sont trop secs et
trop accidentés pour être convertis en prairies.

D. Qu'appelez-vous prairies naturelles et prairies
artificielles ?

R. On appelle prairies naturelles les carrés de terre,
ordinairement plats, sur lesquels croissent des herbes
fourragères, sans le secours de la main de l'homme.

Et prairies artificielles les carrés labourés sur lesquels on sème des graines de prés, que l'on prend dans
les greniers à foin; ou de sainfoin, de luzerne, de
trèfle, etc., etc.

Il y a des prairies artificielles qui ne peuvent prospérer sans arrosage : ce sont celles de fromental, de
trèfle incarnat, de fenugrec, etc.; mais celles de sainfoin, de luzerne, de raygras d'Italie, etc., produisent
sans cela.

Il suffit de préparer le terrain en le défonçant à 5o
centimètres de profondeur et en le bien fumant. On
sème après la graine de sainfoin, de luzerne, etc., en
automne et par un temps sec.

On fume les prairies avec des fumiers bien consommés et préparés depuis longtemps dans des cloaques, avec des lits de terres ou de feuillages. Il faut que ces fumiers soient bien pourris pour que l'eau puisse les entraîner avec elle dans la terre ; sans cela l'engrais resterait dessus la prairie et ne produirait aucun effet. On répand le fumier sur les prés, dans l'hiver; à partir du mois de janvier jusqu'au mois de mars.

FIN DE LA PREMIÈRE PARTIE.

DEUXIÈME PARTIE

DES ANIMAUX.

—

Animaux considérés comme agents d'un travail plus prompt, et par conséquent plus économique que celui de l'homme.

CHAPITRE PREMIER.

Chevaux, mules, mulets et bourriques.

D. La Provence étant considérée comme pays de petite culture, peut-on employer des animaux à la culture de ses terres?

R. Oui, Monsieur; on peut y employer les chevaux, juments, mules, mulets et bourriques, comme étant les plus aptes à des travaux qui demandent peu de développement, en raison du peu d'étendue des propriétés rurales, qui sont ici plus morcelées, peut-être, que dans les autres provinces de la France.

Depuis l'introduction de la culture du sainfoin, ou soit esparsette, dans presque toute la Provence, on a pu nourrir une plus grande quantité de chevaux, et entretenir de nombreux troupeaux; alors on a dû se servir de ces premiers pour les travaux de nos champs, puisque l'on avait des fourrages en suffisante quantité pour les nourrir. Aussi, depuis lors, a-t-on fait venir, dans cette contrée, divers instruments aratoires, notamment la charrue de **M. Mathieu de Dombasle**, dont nous avons parlé au chapitre des instruments aratoires et qui a besoin de gros attelages, ce qui a pu avoir lieu avec des chevaux, et qu'on ne pouvait pas faire avec des bourriques ou des mulets, naturellement indociles et lourds. On a pu encore, par la même raison, augmenter considérablement le nombre des charrettes, et les faire servir au transport des engrais, qu'on peut aujourd'hui aller chercher aux confins des départements voisins.

En effet, ne voyons-nous pas maintenant une quantité extraordinaire d'attelages, affluer de toutes parts à Marseille, y apporter des denrées, des combustibles, qui naguère ne pouvaient arriver à cet important débouché.

On doit convenir, toutefois, qu'il faudra encore bien du temps, avant que nos villageois aient appris à soigner cet intéressant animal, pour lui donner plus de santé et de vie, et pour le rendre entièrement propre aux travaux de nos terrains extrêmement accidentés et pierreux.

Le cheval exige plus de soins que le mulet et la bourrique : il faut l'étriller et le vergeter, au moins une fois par jour ; ne pas laisser la litière de la nuit sous ses pieds, et surtout, enlever journellement ses ordures et les mettre hors de l'écurie.

Il faut le bouchonner, avec une poignée de paille, lorsqu'il vient de faire un travail un peu forcé, ou qu'il est suant ; lui donner à manger peu et souvent, à des heures réglées. S'il aime à boire fréquemment, lui en donner quand on pense qu'il peut en avoir besoin, et que l'eau est froide.

Quant à sa nourriture, il faut l'habituer à manger

de la paille, ce qui sera facile en la coupant et la mêlant
avec du son mouillé, après l'avoir faite un peu bouillir;
on lui donnera en même-temps, deux fois par jour, des
rations de pommes de terre cuites, cinq ou six kilogr.
en tout. Avec ces aliments, il lui faudra peu de foin
et encore moins d'avoine.

On dresse facilement le cheval à tous les travaux des
champs. Il est prompt à faire ceux de la charrue et de
la houe. Avec ces deux instruments-là, on peut faire
tous les labours nécessaires à nos terres (1).

Il est certain que les mules, les mulets et les bourriques sont beaucoup moins délicats, pour la nourriture
et pour les soins, que les chevaux. Dans un pays où les
fourrages sont si chers que dans celui-ci, il est naturel
qu'on doive préférer ces premiers; mais on a tant à
craindre pour la vie et la santé de ceux qui les soignent,
qu'il faudrait pouvoir s'en passer, car ils sont si indociles, si rétifs, si entêtés, que l'on devrait tout faire
pour n'employer que des chevaux.

Il y a en France quelques haras (2) où l'on élève de
bons chevaux, avec des étalons (3) de belles races; mais
on est obligé d'avoir recours, pour les chevaux de
courses, aux haras d'Angleterre, qui passent pour en
avoir de plus beaux et de plus légers que nous. Il y a
également à Mezohegyes, en Autriche, un haras où

(1) On ne peut contester que, de tous les animaux de trait, le
cheval ne soit le plus intelligent, et le plus docile aux volontés de
l'homme.

(2) Établissements où l'on élève des chevaux aux frais du gouvernement.

(3) Ce sont des chevaux modèles, que l'on choisit pour la propagation des belles espèces de ces animaux.

l'on élève de beaux chevaux de trait et de cavalerie. Toutefois, nous fournissons à l'Angleterre des chevaux de trait et d'artillerie, qui lui manquent.

Les maladies les plus communes qui attaquent les chevaux sont les coliques, et les abcès qui surviennent à la peau, par suite de blessures ou contusions.

Les coliques guérissent par l'usage des lavements adoucissants, composés de feuilles de mauve, de gui-mauve ou de pariétaire, *espargoulo*, ou des lavements laxatifs d'huile récente d'olive, ou de graines de lin.

On guérit les abcès avec une liqueur composée comme il suit :

> Extrait de saturne . .   36 grammes.
> Esprit de vin camphré 24   »
> Eau . . . .   1/2 litre.

On remuera ce médicament, avant de s'en servir, et l'on bassinera la plaie plusieurs fois le matin et le soir.

S'il y avait écorchure seulement, il faudrait appliquer quelques compresses de vin bouilli sucré, ou de l'eau-de-vie, mêlée avec de la suie de cheminée, et moitié d'eau. Le tout à froid.

Il y a à Marseille des petits chevaux qui nous viennent de la Corse, qui coûtent peu à nourrir, et qui sont fort agiles.

⎯⎯⎯◉◇◉⎯⎯⎯

CHAPITRE II.

Des bœufs, vaches et taureaux.

D. Ne peut-on pas aussi, dans notre pays, se servir, pour cultiver la terre, des bœufs, des vaches et des taureaux ?

R. Quoiqu'on puisse se servir de ces animaux pour nos cultures, dans quelques grandes exploitations, bien qu'ils soient, comme je l'ai dit, moins propres aux travaux de nos champs, on ne pourra jamais en élever, dans la Provence, une certaine quantité, à cause des difficultés que présentent nos terrains montueux pour les convertir en prairies artificielles. Je doute même que, le canal de Marseille ayant lieu, ces difficultés pussent être tranchées.

Nous n'avons donc pas à nous occuper de cet objet.

Animaux considérés comme production des engrais et de rente.

CHAPITRE III.

Des chevaux, mulets et bourriques.

D. Quel est l'animal qui produit le plus d'engrais?

R. Il n'y a pas de doute que ce sont les chevaux, mulets et bourriques qui en donnent le plus ; mais, quand ils font un travail qui les retient toute la journée hors de l'écurie, ce sont alors ceux qui en font le moins, et il faut, dans ce cas, entretenir d'autres animaux pour avoir des engrais.

CHAPITRE IV.

Des porcs.

D. Ne pensez-vous pas que les porcs font plus d'engrais que les précédents animaux ?

R. Il n'y a pas de doute, le cochon fait plus d'engrais que les précédents animaux, parce qu'il est toujours dans sa loge et qu'il remue constamment la litière qu'on lui jette ; mais cet engrais étant très-froid, c'est-à-dire ayant peu de sels pour une active fécondation, il est à propos de le mêler avec d'autres engrais meilleurs.

Dans presque toute la Provence, on a le mauvais usage de jeter constamment de l'eau dans la loge à cochon, croyant ainsi avoir plus de fumier ; on s'imagine que le porc doit vivre dans le fumier trempé, on a tort, cela lui donne des maladies qui le font souvent périr ; et, quand on l'engraisse surtout, les éleveurs recommandent de le tenir avec de la litière fraîche.

Le cochon mange de tout, mange beaucoup. On est dans l'habitude, pour le forcer à boire, et c'est ordinairement quand il n'a pas soif, de lui mettre peu de son dans une grande quantité d'eau. C'est ainsi que l'on perd une partie de ce qui le nourrirait. On ne doit que mouiller le son, seulement pour qu'il n'en entre point dans le nez de l'animal lorsqu'il le mange, et lui donner à boire séparément.

Il faut lui donner de l'herbe souvent ; il la mange avidement, ainsi que les pommes de terre cuites et les betteraves, qui l'engraissent rapidement. Les cochons mangent les feuilles de mûriers et de vignes vertes. C'est la cherté de la nourriture de ces animaux qui fait que l'on craint de les multiplier ; mais si l'on savait tirer parti de toutes les productions de nos terres, on pourrait en élever bien davantage.

Le porc est sujet à une maladie qu'on appelle *ladrerie*. Cette maladie se manifeste, sur toutes les parties du corps, par des boutons, dont les plus gros ont le volume d'un pois. Lorsque la langue en est attaquée, on ne peut s'y méprendre ; les autres symptômes auxquels on prétend reconnaître cette affection méritent peu de confiance.

Voici le remède pour guérir cette maladie.

On mêle, une fois par jour, à la nourriture de l'animal, une cuillerée de cendres de chêne et 6 grammes d'antimoine gris, ou 6 grammes de la poudre suivante :

Tanaisie 48 grammes, centaurée 48 grammes, ménianthe 48 grammes.

Cette quantité suffit pour la guérison d'un porc.

Du reste, on peut manger sans crainte la chair des cochons attaqués de ladrerie.

CHAPITRE V.

Des lapins et des cochons d'Inde.

D. Faut-il croire ce qu'on dit généralement, que les lapins consomment, dans une ferme, la nourriture des autres animaux ; qu'il leur faut des herbes qui sont nécessaires à la nourriture des porcs, etc. ?

R. C'est encore une erreur. L'herbe proprement dite, n'est pas nécessaire aux lapins, parce que ceux-ci mangent celles que ne veulent pas les porcs, les chevaux, etc., telles que la peau des branches de pin, de figuier, d'olivier, de lierre, le lentisque, le thym, et même la paille. Il faut leur donner à manger peu et souvent.

Ainsi, il importe aux fermiers de multiplier ces animaux, pour avoir un produit qui ne coûte aucune dépense, tandis que la masse des engrais, et des bons engrais se trouve augmentée ; car celui que donne le lapin est des meilleurs, et peut servir à bonifier les autres.

La femelle du lapin porte plusieurs fois l'année. Elle met bas 10 à 12 petits, qu'elle allaite un mois et demi environ. Il faut la séparer du mâle quand les lapereaux arrivent, sans quoi il les tuerait. Un mâle suffit à quatre femelles.

Il faut avoir soin de les tenir bien propres, en changeant souvent leur litière ; de ne pas les loger dans des endroits humides, ni à côté des cloaques ; de séparer les petits de leur mère, du moment qu'ils ne têtent plus.

Il y a des lapins à poils blancs, gris et couleur nankin ; les premiers ont les yeux rouges.

On dit que la poirée, le caillelait, le persil et le pissenlit font mourir les lapins, quand ils en mangent ; c'est une erreur. On peut leur donner de ces herbes tant qu'ils ne les rebutent pas ; lorsqu'ils n'y touchent pas, il ne faut plus leur en donner.

Nous ne parlerons pas du lapin-lièvre, qui n'est qu'une variété de lapin. Il est beaucoup plus gros que le lapin ordinaire ; mais la femelle porte peu de petits. Il exige d'ailleurs les mêmes soins.

Le cochon d'Inde est une espèce particulière de rongeurs, qui, ayant à peu près les mœurs du lapin, exige la même attention et la même nourriture. Il est un peu plus petit et a le museau plus plat. Sa chair n'est pas aussi délicate que celle du lapin ; mais il multiplie beaucoup plus.

CHAPITRE VI.

Des poules, des dindes, des canards et des pigeons.

D. Est-il vrai, comme on le dit, que les poules causent beaucoup de dommages à nos champs?

R. Il est certain que les poules causent des dommages dans les campagnes qui sont de peu d'étendue; mais dans les vastes fermes, on peut les laisser libres sans dangers. On ne saurait même trop les y multiplier, attendu les produits qu'elles donnent en œufs, en poulets, en engrais, et surtout, parce qu'elles détruisent une grande quantité d'insectes, qui assiègent la demeure des cultivateurs, tels que les cloportes, *porquets*, les scarabées, *escaravas*, les coupe-pieds, *coupo-pes*, les fourmis, *fourniguos*, les millepâtes, *courentyo*, etc., etc.

Il est si facile de mettre des poules à couver, qu'on doit s'étonner qu'on les multiplie si peu, dans un pays aussi chaud et où la température est toujours favorable; l'époque la plus propice est le printemps. Elles couvent pendant 21 jours, et 27 jours pour les œufs de canard, qu'on peut aussi leur faire couver.

Il faut également tenir propres les poules, en faisant passer aux flammes les perches où elles dorment, afin de détruire les insectes, *pupidouns*, qui les dévorent.

Les poules mangent de tout; mais elles sont friandes de l'herbe, du grain et du son. Il faut leur donner à manger peu et souvent.

Ce que nous venons de dire des poules s'applique aux dindes et aux canards. Ces derniers détruisent aussi beaucoup d'insectes, surtout les limaçons. Nous n'entrerons pas dans de grands détails à l'égard de ces volatiles; toutefois nous devons dire, qu'il n'est pas nécessaire d'avoir des bassins ou de l'eau courante pour élever des canards ; il suffit de leur mettre un vase plein, pour qu'ils puissent barbotter : ils ne sont que meilleurs quand ils ne fréquentent pas l'eau.

Les canes (1) pondent des œufs qui sont un peu plus gros que ceux des poules, mais ils ne sont pas aussi bons. Elles couvent pendant 27 jours.

Quand les poules, les dindes et les canards ne mangent pas, ou qu'ils sont malades, il faut leur donner de l'huile avec du jus d'oignons pilés, plusieurs jours de suite, et même des semaines entières, s'ils ne s'en trouvaient pas guéris.

Quant aux pigeons, il faut les loger dans un endroit sec, élevé et bien chaud en hiver, en ayant l'attention de les appareiller et de se défaire des mâles ou des femelles qui ne le sont pas, parce qu'ils troubleraient le colombier.

La femelle du pigeon ne pond que deux œufs qu'elle couve, alternativement avec son mâle, pendant environ 21 jours. Les petits sont bons à manger après un mois et demi. On les nourrit avec des vesces, *meréviouns*, des féverolles et du maïs. La vesce les engraisse mieux que quelque grain que ce soit.

Tous les animaux dont nous venons de parler font beaucoup de fumier et du bon, surtout les pigeons, dont la fiente, appelée colombine, contient beaucoup de sels, et qu'on doit mêler avec des fumiers ordinaires, quand on veut l'employer dans des terres sèches.

(1) Ce sont les femelles du canard.

CHAPITRE VII.

Des boucs, chèvres et chevreaux.

D. On dit que les chèvres font beaucoup de mal dans nos campagnes, il faut donc bien se garder d'y en entretenir ?

R. Les chèvres font certainement beaucoup de mal dans les propriété rurales, lorsqu'on les laisse libres ; cependant, en les tenant à l'attache ou à la chaîne, et en leur donnant à manger à l'étable, on évite tout inconvénient. Elles n'en font pas moins beaucoup de lait. Cette manière de les soigner est un peu plus pénible, il est vrai ; mais les avantages qu'elles procurent aux ménages sont trop importants pour s'arrêter à cela.

La meilleure espèce de chèvre, pour faire du lait, est la chèvre gavotte. Elle donne 3 litres et demi par jour ; les autres espèces n'en donnent que 2 lit. et demi. La chèvre porte cinq mois, et met bas, après ce temps, un et quelquefois deux cabris par an. Pour engraisser ces cabris, il faut les empêcher de sauter. On les enferme, pour cela, dans un endroit resserré.

Dans la Côte-d'or, on nourrit les chèvres à l'étable, avec des feuilles de vignes fraîches, et avec celles que l'on ramasse en automne et que l'on conserve dans de grandes fosses cimentées, où on les entasse avec un peu d'eau. On leur donne à manger de ces feuilles, pendant l'hiver. Celles-ci ne perdent pas leur verdure, ni leur goût ; seulement elles deviennent un peu acides. Les chèvres boivent avidement l'eau dans laquelle ces feuilles ont séjourné.

Il faut leur donner à manger peu, souvent et à des

heures fixes, et varier la nature de leurs aliments, pour ne pas les dégoûter, attendu que les chèvres qu'on élève à l'attache sont plus délicates que les autres : elles ne veulent plus manger les herbes sur lesquelles elles ont soufflé.

Les chèvres sont plus faciles à éloigner des plantes, dans les champs, que les brebis. Pour peu qu'on asperge les herbes ou les plantes qu'on veut mettre à l'abri de leurs cruelles dents, avec l'eau dans laquelle on a fait dissoudre des excréments de chien, la puanteur qu'exhale cette préparation les fait fuir des lieux aspergés.

Le crotin des chèvres a la même propriété que celui des lapins. C'est un fort engrais, qu'on doit mêler avec du fumier de porcs, afin de ne pas exposer les plantes, dans les endroits secs, à souffrir durant l'été.

Le bouc est le mâle de la chèvre ; il exhale une puanteur presque insupportable.

CHAPITRE VIII.

Des brebis, moutons, béliers et agneaux.

D. Les raisons que vous me donnez sur l'insuffisance des prairies, dans la Provence, pour la nourriture des animaux de la race chevaline, sont-elles les mêmes pour la nourriture des bêtes à laine ?

R. Oui, Monsieur ; mais cependant, le mouton, la brebis, étant moins délicats, en fait de nourriture, que le cheval, trouvent encore assez d'herbes l'hiver, dans nos montagnes, pour que nos bergers puissent en élever de nombreux troupeaux. Si les étés étaient moins secs, ils n'auraient pas besoin de quitter celles-là au printemps, et d'aller chercher, en Savoie, pour le reste de l'année, la nourriture de leurs troupeaux. Depuis l'introduction de la culture du sainfoin dans le département du Var, et dans une partie de celui des Bouches-du-Rhône, déjà beaucoup de bergers ne quittent plus la Provence de toute l'année, ce qui fait que le lait, quoique la consommation en ait considérablement augmenté, n'a pas renchéri à proportion.

La brebis porte environ cinq mois, et met bas un et quelquefois deux petits. Elle a peu de lait. Elle n'en donne qu'un demi-litre par jour.

Le bélier est le mâle de la brebis ; sa chair n'est pas aussi bonne que celle du mouton.

Le mouton ne diffère du bélier, qu'en ce que l'art l'a rendu impropre à la reproduction de son espèce. On fait cela pour rendre sa chair plus tendre, plus savoureuse et plus grasse.

L'agneau est le petit de la brebis ; il faut, pour l'engraisser, user des mêmes précautions que pour le cabris, c'est-à-dire l'enfermer à l'étroit, pour l'empêcher de bondir.

Une maladie, qu'on appelle *picote*, attaque assez fréquemment ces animaux. Elle est contagieuse, mortelle, et cause de grandes pertes au commerce. La première chose à faire, en cas d'invasion de la maladie, est de se hâter de séparer les brebis malades de celles qui ne le sont pas ; de nourrir ces dernières de bons fourrages ; de leur donner du son et très-souvent du sel ; de les placer dans un endroit bien aéré et point humide ; de leur donner de la litière fraîche tous les jours.

En général, les bergers ne nettoyent pas assez leurs étables. Ils n'en changent pas l'air ; laissent des mois entiers leurs troupeaux sur la même litière, en patois *bigoun*, laquelle se corrompt et exhale des miasmes délétères, dans les étables; or il n'est pas douteux que cette négligence n'occasionne à ces précieux animaux de graves et fréquentes maladies. On ne doit donc pas se borner à jeter de la litière fraîche sur la vieille, déjà imbibée des déjections journalières de ces intéressantes bêtes; on ne doit pas, non plus, souffrir que personne dépose des ordures dans les étables, comme beaucoup de gens le font.

Indépendamment du produit en lait, eu engrais, et de celui des agneaux, il y a encore le produit de la laine, qui donne de grands bénéfices. La tonte a lieu en mai.

Le fumier que donnent les bêtes à laine est des plus forts et des meilleurs, il convient donc de le mélanger avec d'autres fumiers moins chauds, pour fumer les terres sèches.

Pour améliorer nos races de moutons, il faudrait les croiser avec des béliers étrangers, et surtout des mérinos, qui nous viennent de l'Espagne. La laine en serait plus belle et se vendrait plus cher. On vante beaucoup la race de moutons anglais dite de Leicestershire.

On engraisse les moutons en leur donnant du foin des prés, des pommes de terre cuites, des féveroles, des tourteaux de colza, des fanes de pommes de terre, des feuilles et des racines de betteraves, etc.

D. Les bêtes à laine ne sont-elles pas sujettes à des diarrhées?

R. Non seulement elles sont sujettes à des diarrhées, mais encore à des dyssenteries.

Lorsque la diarrhée dure plus de trois jours, on fait cuire, toutes les 24 heures, une poignée de myrtile sèche, dans de l'eau, et l'on donne cette décoction à la bête malade.

Si l'on néglige la diarrhée, elle dégénère en dyssenterie, ce qui est indiqué par le sang mêlé aux excréments. Il faut, dans ce cas, faire prendre à chaque bête, avec de l'eau, 15 décigrammes de rhubarbe, 3 grammes de magnésie et 12 grammes de miel. Douze heures après, on emploiera la décoction de myrtile, et l'on en continuera l'usage jusques à ce que la dyssenterie ait disparu.

Si la diarrhée attaque les agneaux qui tettent, on placera dans l'étable un gros morceau de craie, de manière à ce qu'ils puissent le lécher. Si ce médicament ne produit pas d'effet, on leur fera boire, deux fois par jour, du lait de leur mère où l'on aura mis 3 grammes de magnésie; et dans le cas où ces remèdes seraient inefficaces, il faudrait faire cuire dans de l'eau, pendant quelques minutes, 6 grammes de racines de gentiane rouge, ou de colombo; passez, ajoutez 3 grammes de laudanum liquide, et donnez, toutes les deux heures, deux cuillerées de cette potion.

⸺⟡⸺

CHAPITRE IX.

Des bœufs, vaches, taureaux, veaux et génisses.

D. Ne peut-on pas faire multiplier ces animaux dans nos contrées ?

R. Non, Monsieur ; malheureusement, ainsi que je l'ai déjà dit, nous n'avons pas assez de prairies pour cela. Nous sommes donc obligés d'avoir recours aux provinces voisines, pour nos besoins.

Je dis malheureusement, parce que les prairies sont bien plus productives aujourd'hui que nos vignobles, qui dépérissent journellement, à cause des grandes sécheresses; aussi ne parlons-nous ici de la race bovine, que pour faire connaître la cause de la rareté de ces animaux dans ce pays-ci.

Leur multiplication y serait fort utile, par rapport surtout aux engrais, dont ils produiraient abondamment, et qui, quoique froids, c'est-à-dire ayant peu de sels, n'en seraient pas moins d'un grand secours pour fumer nos champs, en les mêlant avec d'autres engrais meilleurs.

La vache donne beaucoup de lait; il y en a, dans le Nord, qui en donnent plus de 20 litres par jour, mais la quantité ordinaire varie de 6 à 8 litres. Elle ne porte qu'un veau par année.

Le taureau est le mâle de la vache, et sert à la propagation de l'espèce. Il est le plus fort des animaux de sa race.

Le bœuf serait un taureau, s'il n'en était de lui comme du mouton à l'égard du bélier.

Le veau est le petit de la vache.

La génisse est la jeune vache qui n'a pas encore porté.

Ces animaux ne mangent que de l'herbe et du foin, quoiqu'ils ne rebutent pas le son, les féveroles, les pommes de terre cuites; ils mangent aussi les feuilles fraîches et les racines de betteraves, les fanes de pommes de terre, les gâteaux de colza, etc.

CHAPITRE X.

Des abeilles.

D. Nos collines desséchées permettent-elles l'éducation des abeilles?

R. Il n'y a pas de doute, parce qu'il y croît une quantité de plantes aromatiques dont le polen des fleurs
étant excessivement savoureux et odorant, n'en rend le
miel que plus parfumé.

Les abeilles nous donnent l'exemple du travail. Elles
charrient, depuis le lever du soleil jusques à son coucher, du miel et de la cire, dans un logement en bois,
ou en osier, ou en paille, nommé ruche, en patois *brus.*
Là, elles bâtissent en cire des petites loges, qu'on appelle cellules, dans lesquelles elles déposent le miel, qui
est leur provision de vivres pour l'hiver; tandis qu'elles
préparent d'autres loges pour que la reine y dépose un
œuf dans chacune. Cet œuf devient un ver et ensuite
une mouche. Lorsque tous les œufs sont éclos, la famille
devient trop nombreuse, il faut qu'elle se sépare. Les
jeunes abeilles sortent ordinairement en avril, ayant à
leur tête leur jeune reine, et vont se suspendre aux
branches d'un arbre et s'y réunir. Elles partent de là,
pour chercher une demeure nouvelle; c'est dans ce
moment qu'il faut s'emparer de l'essaim, en patois *es-
same*, et le mettre dans une ruche préparée pour cela.

On prépare la ruche en la frottant intérieurement
avec des herbes aromatiques, c'est-à-dire avec de la
lavande ou de l'aspic; on la tourne sens dessus dessous,
et on la place sous l'essaim que l'on fait tomber tout
doucement dans la ruche. Si l'essaim s'est divisé en

sortant, il faut étendre sur la terre un linge propre et blanc, renverser à demi la ruche sur ce linge et frapper légèrement dans le bas de la ruche, les abeilles viendront se réunir à celles qui y sont déjà. On place ensuite le tout sur une planche, épaisse de 6 à 8 centim., qu'on appelle tablier, élevée de la terre de 25 centim. environ. On met quelques tuiles au-dessus de la ruche, pour la garantir de la pluie, et tout est achevé. Vous voyez les abeilles, dès le lendemain, au lever du soleil, diligentes et véloces, aller butiner sur les fleurs du voisinage, et les aller même chercher souvent au-delà de 2 myriam., revenir le soir, les pattes chargées de cire et l'estomac rempli de miel, sans se lasser de leur pénible et dangereux travail.

D. Pourquoi dites-vous dangereux travail?

R. Parce que mille dangers accompagnent la course vagabonde de ce précieux insecte : des oiseaux qui les mangent; des ruisseaux, des rivières, des orages qui les noient; des vents qui les emportent; des feux qui les brûlent, etc., voilà ce qui souvent fait diminuer la nombreuse famille.

Cet intéressant insecte n'est pas suffisamment apprécié par nos cultivateurs. On se soucie fort peu de le multiplier dans nos campagnes. Il n'exige cependant que fort peu de soins, et il récompense largement des peines que l'on prend pour lui. Il pourvoit lui-même à sa nourriture, en allant au loin se procurer un butin qu'il vient déposer dans les magasins de la grande famille pour sa provision de l'hiver. Tout, dans le travail de cet insecte, est un sujet d'admiration!

Mais combien ne compte-t-il pas d'ennemis acharnés à sa perte? Les frelons, les crapauds, les araignées, les teignes et les grandes chaleurs en détruisent beaucoup chaque année.

Lorsque les années sont pluvieuses, les abeilles produisent jusqu'à trois essaims dans l'année, qui sortent de mois en mois de la ruche, depuis le 15 avril.

Il faut avoir soin de tenir, près des ruches, quelques vases pleins d'eau, et mettre sur l'eau des brins de paille, afin d'éviter que les mouches ne se noyent en buvant.

Vers le mois de novembre, on enlève une partie des gâteaux de cire et du miel de la ruche, pour s'en servir ; mais, si l'hiver était rigoureux, il faudrait leur en donner à manger sur des petits plats, ou bien du moût de raisin réduit en sirop, pour les faire arriver au printemps, époque à laquelle elles se remettent au travail.

On a l'usage, dans ce pays-ci, d'exposer les appiés champêtres (1) à la position du midi parfait, et ce devrait être le contraire. Il faut aux abeilles les expositions du couchant ou du levant, parce qu'elles craignent plus la chaleur que le froid. La chaleur fait couler le miel dans les ruches, et les abeilles s'y attachent comme un oiseau pris à la glu. Il faut donc placer les ruches plutôt au nord qu'au midi, ou du moins sous des arbres feuillus et bien rapprochés les uns des autres. Il ne faut pas oublier que la chaleur, dans l'intérieur des ruches, s'élève de 20 à 25 degrés (Réaumur), lorsque l'essaim est nombreux.

Pour enlever le miel ou la cire de la ruche, on n'a qu'à faire passer par le bas, la nuit arrivant, un peu de fumée, en brûlant de la paille mouillée ou quelques

____

(1) Lieux consacrés aux ruches, et où on les réunit quelquefois à 25 centimètres l'une de l'autre.

13

plantes sèches. Les mouches s'élèvent alors dans le haut de la ruche, et abandonnent les gâteaux que l'on s'empresse de couper. Quand on a des ruches à parties brisées, il est facile d'en enlever tout le miel et la cire, sans nuire à l'essaim. Il est nécessaire de se voiler la tête et d'avoir des gants aux mains, pour faire cette opération.

CHAPITRE XI.

Des vers-à-soie.

D. Qu'est-ce que les vers-à-soie, en patois *magnans ?*

R. C'est une chenille qui sort d'un petit œuf blanc et plat, qu'on appelle graine, parce qu'il ressemble un peu à une graine de plante.

D. Élève-t-on, dans la Provence, beaucoup de vers-à-soie ?

R. On a toujours moins cultivé le mûrier blanc dans cette province que dans les provinces voisines ; le Dauphiné surtout consacre une grande partie de ses terres à la culture de cet arbre ; il y prospère prodigieusement, parce que les terrains sont pour la plupart arrosés ou plus humides que les nôtres ; or, quoiqu'il réussisse dans nos champs, le mûrier blanc, planté sur un sol plus propice, n'en devient que plus vigoureux. Voilà pourquoi on fait moins de vers-à-soie dans nos pays que dans le Dauphiné.

Cependant quand on voit que, dans le nord de la France, l'industrie séricicole a pris tant d'extension, et la culture du mûrier tant de faveur, peut-on se dissimuler que nous abandonnons, pour ainsi dire, une industrie qui paraîtrait appartenir exclusivement à la Provence, à cause de la douceur de son climat. En effet, placés au midi du royaume, notre température modérée est extrêmement favorable à l'éducation des vers-à-soie, et nous dispense de faire construire à grands frais des magnaneries ou dandolières (1) à conducteur du calorique, etc., etc.

On employait autrefois des moyens ridicules pour faire réussir les vers-à-soie, tels que de faire frire du lard, pour, disait-on, purifier l'air, et d'empêcher dans les salles la circulation de l'air extérieur; mais depuis que des hommes de talent se sont occupés de cet objet, on a vu s'opérer des prodiges, car tandis qu'autrefois 25 grammes de graines ne produisaient que 25 kilog. de cocons au plus, la même quantité en produit aujourd'hui jusques à 50 kilog. On ne saurait trop admirer le mérite des découvertes qu'on a faites dans ce genre d'industrie, et l'entente que l'on apporte au développement de cette branche de la prospérité publique.

D. A quelle époque fait-on éclore les graines de vers-à-soie ?

R. C'est ordinairement vers la mi-avril; mais comme la végétation du mûrier blanc est quelquefois tardive, ou que le froid prolongé en brûle les feuilles, au moment où elles se développent, il faut en retarder l'éclosion, pour ne pas s'exposer à manquer de feuilles, quand les vers sont éclos.

D. Comment retarde-t-on l'éclosion des vers-à-soie ?

R. En tenant la graine dans un endroit frais, ou bien dans de la toile de chanvre, ou bien encore en la trempant dans l'eau froide d'où on la retire peu de temps après.

---

(1) Nom dérivé de celui de M. Dandolo, auteur d'un excellent ouvrage sur les vers-à-soie.

D. Comment fait-on éclore les œufs ou graines ?

R. En les tenant dans un endroit chaud, dans une étoffe de laine ou dans un linge de coton.

On les met, après qu'ils sont éclos, dans des tamis ordinaires. On leur donne des feuilles tendres de mûriers. Quand ils sont plus gros, on les place sur des claies faites en roseaux, *canissos*. On a soin de les ôter souvent de dessus leur litière ; de renouveler l'air de la magnanerie, en ouvrant les issues du côté du midi, s'il fait froid, ou du côté du nord, s'il fait chaud ; de maintenir, autant que possible, la température de l'atelier à 18 ou 20 degrés du thermomètre de Réaumur ; de ne pas leur donner de la feuille mouillée, et de la leur donner mondée (1).

On range les claies les unes sur les autres, autour et au milieu de la salle, en laissant entre elles une distance de 60 centim. d'élévation, afin de pouvoir les déliter, au moyen de filets maillés que l'on place, à cet effet, dans toute la longueur de la claie. On fait tomber ces filets sur les vers, après quoi on leur met des feuilles dessus. Lorsque les vers, ayant passé au travers des mailles du filet, se sont emparés des feuilles, on dresse le filet et l'on enlève la litière. On fait ensuite retomber le filet, jusqu'à un nouveau rechange. Il faut avoir deux jeux de filets, ou soit deux fois plus de filets que de claies.

Les vers-à-soie dorment quatre ou cinq fois, durant leur éducation ; on ne leur donne alors que très-peu ou point de feuilles. Les époques de leur sommeil s'appel-

(1) On appelle feuilles mondées celles nettoyées des fruits et du bois.

lent des âges, ainsi le 1er sommeil est le 1er âge, le 2me sommeil, le 2me âge, etc.

Après le 4me ou le 5me âge les vers se préparent à monter pour faire leur cocon, qu'ils forment en filant autour d'eux et s'y enferment, au milieu des fils de leur soie, dévidés sur eux-mêmes, pour se garantir de l'air atmosphérique, afin que leur transformation en papillon puisse s'opérer sans inconvénients.

C'est dans cet état que l'on se hâte de vendre les cocons, après les avoir ébouillantés, sans quoi le papillon sortant coupe tous les fils de la trame, ce qui fait que les cocons ne peuvent plus donner qu'une soie grossière qu'on appelle bourr e.

C'est lorsque le papillon est sorti qu'on place la femelle fécondée, sur une pièce de drap en laine, pour lui faire pondre ses œufs, et, cette œuvre de la nature terminée, l'insecte meurt et sert encore d'engrais à la terre.

D. Comment se fait-il que le ver-à-soie, qui rampe sur la terre, devienne un papillon, c'est-à-dire un habitant de l'air ?

R. C'est là un secret de la Providence que nul ne peut oser expliquer. Le ver-à-soie doit subir la loi de la nature, imposée aux autres chenilles, lesquelles ont trois manières d'exister, pour ainsi dire trois vies, et qui toutes, après avoir vécu un certain temps chenilles, changent et vivent encore un certain temps chrysalides, jusqu'au moment où, devenant insecte complet, elles se transforment en papillon ; ce n'est que parvenues à ce dernier état, qu'elles ont acquis la faculté de reproduire leur espèce. Lorsque le cocon est fait, la chenille devient chrysalide, c'est-à-dire qu'elle prend une autre forme, et ne sort ensuite du cocon que sous celle d'un papillon.

D. N'a-t-on pas trouvé une feuille d'arbre ou de plante, autre que celle du mûrier blanc, capable de nourrir les vers-à-soie ?

R. Après de nombreux essais, restés infructueux, on pense avoir trouvé une feuille propre à la nourriture de cet insecte ; c'est celle du salsifis sauvage ou de jardin. Mais on croit que cette feuille ne pourrait suppléer à celle du mûrier que dans le premier âge seulement, et qu'elle ne serait point propre à les nourrir jusqu'à la fin de l'éducation.

D. Combien de jours faut-il pour faire la récolte des cocons ?

R. Quand la saison est favorable et que l'éducation est bien conduite, il suffit de 3o à 4o jours.

D. Quelle est la maladie qui attaque les vers-à-soie ?

R. C'est celle dite muscardine. Elle fait de rapides progrès et d'affreux ravages, si l'on ne se hâte de séparer les vers en santé de ceux qui en sont atteints et qui en périssent presque toujours. Cette maladie est produite par l'air vicié des magnaneries qui ne sont pas assez aérées, et par le défaut de délitage des vers.

Il est peu de produits de nos campagnes que l'on récolte en si peu de temps. On devrait donc élever des vers-à-soie dans presque toutes les propriétés rurales, quelque peu d'étendue qu'elles aient ; car, dans cette récolte-là, on ne craint ni les sécheresses, ni les vents, ni les froids, ni les grapilleurs.

FIN DE LA DEUXIÈME PARTIE.

TROISIÈME PARTIE

DE L'ÉCONOMIE RURALE.

De l'économie agricole, des assolements et de la gestion du domaine.

CHAPITRE PREMIER.

Des instruments aratoires.

D. Qu'entendez-vous par économie agricole?

R. J'entends tirer parti de tout ce qui, en produits agricoles, semble inutile et nullement profitable à la direction d'une ferme; faire entrer dans l'usage ou la consommation des objets d'une campagne, tout ce qui ne paraît présenter, à une exploitation champêtre, aucun avantage réel; combiner enfin *les rapports qui doivent exister entre les diverses cultures épuisantes ou productrices d'engrais.*

Nous avons parlé, dans la première partie de cet ouvrage, de l'économie qui résulte des travaux faits avec la charrue, la houe à cheval, le semoir de M. Hugues ou celui de M. Pluchet; mais tout cela n'est rien, en comparaison de tant de choses qui peuvent être soignées, et qui, à la longue, donnent des profits; car, en agriculture, la première économie consiste à faire beaucoup avec peu, parce que l'art de cultiver la terre n'a rien de commun avec la science du commerce, et n'offre pas , comme cette dernière, des moyens prompts de faire fortune. Les bénéfices, au contraire, sont petits, quoique les chances soient moins incertaines. Il faut donc mettre tout en œuvre pour arriver à de bons résultats, et ne rien négliger pour atteindre ce but.

CHAPITRE II.

Des engrais.

D. Vous avez dit, dans votre première partie, chapitre premier, que vous parleriez encore des engrais; qu'avez-vous à en dire?

R. Cet objet est trop important pour ne pas y revenir. Dans la première partie , j'ai fait sentir la nécessité de ne pas avoir besoin d'acheter des engrais, parce qu'ils sont fort chers et qu'il en faut beaucoup. J'ai donné, par le moyen des composts , la preuve qu'on peut en faire la quantité suffisante, pour un domaine quelconque , en multipliant les animaux domestiques et en utilisant les résidus des fabriques. Un pays comme celui-ci , où il n'y a pas de la marne , semblerait peu favorisé pour amender les terres ; mais l'approche d'une grande ville pourrait suppléer à cela, parce qu'il y a toujours de la boue et de la poussière en suffisante quantité pour y engraisser les plus mauvaises terres; et, à Marseille, tous ces objets, et bien d'autres qui pourraient aussi servir d'engrais, sont jetés à la mer.

On revient avec peine de son étonnement, quand on pense que les boues, provenant du curage du port de Marseille sont jetées au loin dans la mer, tandis que ce serait un excellent engrais , dont on tirerait un fort bon parti, vu l'excessive cherté de tant d'autres engrais qui lui sont inférieurs.

Le plâtre, le plâtras des démolitions, les décombres sont aussi de bons engrais.

La chaux détrempée, la suie de cheminée, la cendre, le poussier des charbons de terre ou de bois, sont également de bons engrais, mêlés avec d'autres moins bons, ou avec des feuilles de vigne sèches, etc.

L'algue marine que la mer rejette sur ses bords, est un engrais propre aux terres argileuses et humides.

La sommité des buis, des lentisques, des pins, des chèvrefeuilles, des câpriers, des lauriers, enfin de tous les arbres à feuilles toujours vertes, sont aussi des engrais.

CHAPITRE III.

Des fourrages et des plantes fourragères.

D. N'y a-t-il pas quelque moyen de suppléer à la disette des fourrages ?

R. Pour ce qui concerne la nourriture des bestiaux, j'ai déjà indiqué les moyens de suppléer au manque de fourrages ; je reviendrai pourtant sur cet objet, que je considère comme étant très-important.

On crie partout qu'il faut du fourrage pour la nourriture des bestiaux, et cependant, s'il faut en croire les observations comparatives de M. Karbe, de Petershagen (Prusse), sur la production du lait, indépendamment de l'engraissement des bêtes à laine et à corne, on en nourrirait autant et même plus avec des pommes

de terre crues (1), dans une proportion équivalente de
2 kilog. 3 hect. de pommes de terre crues, 4 hect de
tourteaux de colza, 8 à 10 hect. de foin de trèfle ou 15
à 18 hect. de foin ordinaire, ou soit 9 à 10 kilog. de
pommes de terre crues, 13 hect. de tourteaux et 4 kilog.
de foin par vache laitière. D'après cette méthode, que
de foin n'épargnerait-on pas!....

Toutefois, disons-le, quelques auteurs recommandent de faire cuire les pommes de terre avant de les
donner à manger aux bestiaux.

Mais nous, habitants de la Provence, qui possédons
de si vastes plantations de vignes, pouvons-nous manquer de nourriture pour le bétail? Pourquoi laisse-
t-on perdre ce précieux feuillage, que les vents de l'automne nous amènent, pour ainsi dire, dans nos greniers, et qui vont se perdre dans les ruisseaux, d'où les
eaux pluviales les entraînent dans la mer. Ces feuilles,
ramassées, séchées avec soin et enfermées, sont dévo-
rées par les bestiaux, et les engraissent même assez
promptement. Les feuilles des arbres fruitiers, des
figuiers, des mûriers blancs, ramassées en octobre, sont
également une bonne nourriture pour les chevaux, les
brebis, les chèvres, les lapins, etc.

Le chiendent, qui détruit les plus beaux vignobles,
est un excellent fourrage, qui nourrit beaucoup. Les
lapins surtout le dévorent. Il faut le laver et le faire
sécher, avant de le donner à manger aux bestiaux.

L'herbe qu'on appelle *passerine*, qui travaille tout
l'été, malgré la sécheresse, dans les *oulieros* de chaume,
arrachée et séchée, est aussi un bon fourrage.

(1) Je suis de l'avis de ceux qui recommandent de faire cuire
les pommes de terre, avant de les donner aux bestiaux.

Les écorces de courges, de melons, de pastèques, que l'on jette dans les rues de Marseille, devraient être recherchées par les cultivateurs, pour la nourriture des bestiaux. Lavées et séchées, ce serait une bonne provision pour l'hiver, tandis que les balayeurs des rues les ramassent pour le fumier.

Les parties des feuilles que les vers-à-soie n'ont pas achevé de manger, en les faisant sécher, deviennent encore une bonne nourriture pour les bestiaux, qui les mangent avidement dans l'hiver ; ils mangent même les excréments des vers-à-soie, quand on les fait sécher à l'époque de l'éducation.

CHAPITRE IV.
Des bâtiments et des bâtisses.

D. Comment les bâtiments et les bâtisses peuvent-ils entrer dans l'économie rurale ?

R. La bâtisse, dans le territoire de Marseille, est si dispendieuse, qu'on n'y saurait trop épargner les matériaux. La chaux, qu'on apporte des environs, est à un prix exhorbitant, et, dans les campagnes, l'eau manque toujours pour la tremper, car il faut 2 hectolit. et demi d'eau par charge de chaux. On doit donc s'étonner qu'on n'ait point encore introduit la bâtisse en pisé (1), qui serait si économique ; les pierres surtout étant si chères, et coûtant beaucoup lors-même qu'on les fait faire chez soi, quand on a des rochers.

Je dois dire, toutefois, que, dans les campagnes de

(1) Le pisé est une bâtisse faite avec diverses sortes de terres préparées, humectées et battues dans un encaissement en planches formant une assise. Cette bâtisse est de la plus grande solidité. On construit ainsi, à Paris, des maisons de trois étages.

la banlieue, on construit, avec de la terre pétrie des bâtiments de deux étages qui sont solides (1); mais qui seraient plus solides encore, si l'on employait la poussière ou la boue des grands chemins, lesquelles contiennent plus de parties calcaires, et, par cela seul, sont plus liantes que la terre proprement dite.

Il y aurait aussi une grande économie à ne faire les voûtes qu'en pierres, plates ou non, au lieu d'y employer les briques, qui coûtent si cher. Il ne s'agit pour cela que de faire du bon mortier, afin de jointer fortement les pierres. Quand une fois le cintre en planches est fait, on n'a qu'à arranger les pierres l'une à côté de l'autre, et à les noyer dans un bon mortier un peu liquide, qu'on laisse ensuite bien sécher. On doit donner à cette voûte en pierres une épaisseur de 25 centimètres au moins; elle est alors aussi solide et aussi durable que si elle était faite en briques.

On a, dans ce pays-ci, la mauvaise habitude de cimenter, avec du *batun* (2), les murs qui ne sont pas toujours dans l'eau. C'est une dépense inutile, car le bon mortier suffirait, par la raison que le mortier ne se détruit pas au soleil, comme ce ciment. La pouzzolane (3) est préférable, et le ciment de Roquefort (4), commune de l'arrondissement de Marseille, vaut mieux encore. Ce dernier ciment a la propriété de sceller les

(1) On emploit de la pierre dans cette manière de bâtir.

(2) Mortier préparé avec de la chaux et des briques pilées sortant du four.

(3) Terre cuite, qu'on apporte des États Romains, et qui a besoin, pour se durcir dans l'eau, d'être mêlée avec de la chaux.

(4) C'est un ciment qui provient d'une terre cuite qui durcit dans l'eau, sans le secours de la chaux.

tuyaux de terre cuite d'eau courante, *borneous*, aussi promptement et aussi bien que le ciment de fontainier. Il est beaucoup plus économique que tous les autres.

CHAPITRE V.

Des assolements.

D. Qu'est-ce que les assolements ?

R. Ce sont les moyens dont on doit se servir pour tirer parti de toutes les natures de terres, sans les épuiser, et pour obtenir par là le plus de produit possible. On parvient à ce but par un calcul à l'aide duquel la même plante n'est semée sur la même terre qu'au bout d'un certain nombre d'années ; c'est ce qu'on appelle rotation.

D. Pourquoi les assolements occupent-ils tant les agriculteurs ?

R. Parce que nos devanciers ne s'occupaient pas des moyens à prendre pour obtenir de plus grands produits. La terre était alors mieux servie par les saisons ; placés dans une situation moins favorable que leurs pères, les cultivateurs modernes ont dû chercher à augmenter les productions de la terre par le secours de l'art.

D. Pourquoi dites-vous que les cultivateurs modernes sont placés dans une situation moins favorable ?

R. Parce que les saisons étant jadis plus régulières, les pluies plus abondantes, les vents et les orages moins fréquents, et les hivers moins rigoureux, la culture exigeait, de la part des anciens agronomes, moins de travail, moins de précautions ; car alors la terre ne demandait pas autant de soins et de labours qu'à présent. Aujourd'hui, il faut parer à tous ces inconvénients, et tâcher d'avoir les mêmes produits qu'avaient nos ancêtres, et davantage encore si l'on peut.

On a reconnu qu'une plante qui succède à une autre n'épuise pas la terre, comme si l'on y replaçait la même plante, comme le blé sur le blé, la fève sur la fève, etc.; pour éviter cela, on combine les semences en raison des terres que l'on a de libres, de manière à n'y replacer la même semence qu'après plusieurs années, ce qu'on appelle, comme je l'ai dit plus haut, rotation.

Il y a peu de cultivateurs qui fassent ce calcul, et qui, en arrivant dans une ferme, s'enquièrent du système de culture suivi par leurs prédécesseurs. Ils sèment du blé, des légumes, à tout venant, plaçant souvent, sur le même terrain, le même grain récolté l'année précédente, et loin de noter dans leur esprit, s'ils ne savent écrire, les endroits où ils ont récolté tel légume, ils procèdent, les années d'après, comme ils l'ont fait en entrant dans leur exploitation.

Quelques personnes, même instruites, pensent que ce que nous avançons ici est une erreur. Quoique le cadre dans lequel je dois me renfermer ne me permette pas de donner à mes idées tout le développement dont elles sont susceptibles, je ne puis me dispenser d'entrer dans quelques détails à ce sujet.

Les mégers de la banlieue de Marseille, presque tous élevés et instruits par leurs pères, puisqu'il n'y a point d'école d'agriculture dans cette ville, arrivent dans les propriétés avec la présomption de se croire plus habiles que ceux qu'ils remplacent, et se gardent bien d'étudier la nature du sol, dont ils ignorent, d'ailleurs tout à fait les éléments. Ils savent seulement que là où il y a eu du blé, cette année, on doit ensemencer en légumes, l'année suivante ; mais comme rien ne leur indique quel était le légume qui a précédé ce blé, ils sèment au hasard. Le blé étant une plante fort épuisante, si, sur le terrain qu'il occupait, on sème, sans engrais, des lentilles, des pois pointus, des haricots, il est indubitable qu'ils ne prospéreront pas, tandis que si l'on sème d'autres légumineuses, telles que vesces, fèves, etc., celles-ci prépareront la terre à assurer le succès des céréales.

Ils doivent donc diviser leurs terres par soles, et faire en sorte que le même grain n'arrive sur la même sole qu'au bout d'un certain temps. Ainsi, par exemple, une pièce de terre de cent mètres d'étendue en largeur, divisée en vingt soles de cinq mètres de largeur chacune, se sèmerait la première année, savoir : les 1re, 3e, 5e, 7e, 9e, 11e, 13e, 15e, 17e et 19e soles en blés, et les autres en légumes sarclés ou non, c'est-à-dire la 2e sole en fèves, la 4e en petits pois, la 6e en pommes de terre, la 8e en vesces, la 10e en pois pointus, la 12e en lentilles, la 14e en avoine, la 16e en haricots, la 18e en orge et la 20e en seigle.

On suivra le même ordre, la seconde année, dans les soles en chaume, et l'on sèmera en blé celles où il y avait des légumes.

La troisième année, on sèmera en blé les soles qu'il occupait la première année, et l'on mettra la 2e sole en petits pois, la 4e en pommes de terre, la 6e en vesces, la 8e en pois pointus, la 10e en lentilles, la 12e en avoine, la 14e en haricots, la 16e en orge, la 18e en seigle et la 20e en fèves ; ainsi de suite pour les autres années.

D'après cette méthode, dont on peut voir l'entier développement dans le tableau ci-contre, la même sole ne portera le même légume qu'après une succession de

20 années. De cette manière les terres ne s'épuisent pas.

Ce tableau semblerait indiquer que je n'ai voulu parler que de l'assolement biennal ; mais comme on ne fera jamais renoncer nos agriculteurs à l'usage de semer du blé tous les ans, il a bien fallu se soumettre à cette nécessité. D'ailleurs, dans un guéret fumé, dans une terre fraichement amendée, le blé ne peut pas manquer de trouver toujours de quoi vivre ; il n'en est pas de même pour les légumes, que l'on sème pour la plupart sur le chaume. D'un autre côté, la rotation que je présente sera la même pour les légumes, en substituant au blé, une année ou deux, des plantes fourragères productrices d'engrais, comme le sainfoin, par exemple, et alors, l'assolement deviendra, si l'on veut, triennal, quinquennal, etc.

D. N'y a-t-il pas des plantes qui épuisent moins la terre les unes que les autres ?

R. Oui, Monsieur ; les racines généralement épuisent moins la terre que quelques légumineuses. Les fèves, les vesces et les ers sont, au contraire, productrices d'engrais, et amendent les terres. On ne saurait trop les multiplier, dans les pays vignobles.

Les plantes les plus épuisantes, et qui effritent les terres, sont les pois pointus, les lentilles, les haricots, et, en général, toutes celles dont on laisse mûrir la semence sur pied.

On doit donc avoir le soin de faire succéder à une plante épuisante, une de celles qui ne le sont pas, afin de ne pas user la terre (1). On a désigné plus haut celles qui ont cette propriété.

(1) On entend par user la terre, la fatiguer et l'épuiser, en lui enlevant les sucs propres à la nourriture des plantes.

De l'art de diriger une ferme dans son ensemble.

—◦≫≼⊠≽◦—

CHAPITRE VI.

Du bail à mégerie au tiers.

D. Dans nos contrées, afferme-t-on (1) les terres ?

R. On n'est guère dans l'usage d'affermer les terres, dans l'arrondissement de Marseille, parce qu'elles n'ont pas un produit assez certain, en raison des fréquentes sécheresses qui nous affligent depuis plus de 25 ans. Or, quand un propriétaire en est réduit à affermer, il ne peut le faire qu'à vil prix.

On a donc préféré donner les terres à moitié, aux deux cinquièmes et au tiers de la récolte. Cela s'appelle bail à mégerie, bail partiaire, bail à grangeage, bail à métayer.

Dans le bail à mégerie au tiers, le métayer entre ordinairement dans la propriété qu'il va exploiter, au mois de mai, pour les travaux à faire aux terres destinées au blé à ensemencer en automne, et sur ce guéret, il sème des haricots, en été. Il n'entre définitivement dans la propriété que le premier novembre, pour occuper les locaux nécessaires au logement de sa famille et de ses bestiaux ; le méger sortant a pourtant encore, à cette époque, la récolte des olives, qu'il fait dans le courant de novembre, et dont il partage avec le propriétaire l'huile qui en provient.

_____

(1) On entend par affermer, louer à un cultivateur une ou plusieurs terres, pour une somme d'argent payable dans l'année.

Le propriétaire doit fournir au métayer les ustensiles nécessaires pour faire les récoltes pour tous les fruits, excepté les tonneaux pour la piquette. Il doit également lui fournir les fumiers qui manquent pour terminer les guérets d'été, et, dans ce cas, il ne paye pas les frais de transport du fumier qu'il doit acheter, ces frais étant à la charge du paysan.

Le provignage, *cabus*, *courbadure*, *etc.*, est fait par le méger, à frais commun, c'est-à-dire qu'il en paye un tiers et le propriétaire deux tiers.

La mégerie au tiers n'est pas le tiers de tous les fruits de la propriété pour le paysan, celui-ci n'a que le tiers du vin, mais il a la moitié de tout le reste.

CHAPITRE VII.

Du bail à mégerie aux 2/5 dit cinquen.

D. Pourquoi a-t-on établi l'usage d'affermer aux 2/5 au lieu du tiers, etc. ?

R. Parce que la mégerie au tiers amène souvent des discussions entre le propriétaire et le paysan, sur la fourniture des ustensiles et des engrais, ce qui n'a pas lieu aux 2/5, comme vous allez le voir.

Dans le bail à mégerie aux 2/5 le cultivateur entre ordinairement dans la propriété à l'époque de la taille de la vigne, qui est après les fêtes de la Noël, ou soit le 25 décembre. Le paysan sortant a semé alors le blé, dont il vient faire le sarclage en avril et la récolte en juillet. Le méger entrant n'a, par conséquent, aucun droit à cette récolte, puisqu'il n'a pas fait les travaux. Il ne peut faire que la semence des légumes d'hiver, et en janvier les guérets fumés pour les oignons, en février ceux pour les pommes de terre, en mars ceux pour les haricots hâtifs, ainsi de suite.

Il doit se fournir des ustensiles nécessaires pour faire les récoltes de tous les fruits, excepté les tonneaux pour le vin, qui sont à la charge du propriétaire. Il doit également se fournir des engrais nécessaires pour fumer toutes les terres comprises dans l'exploitation, et le provignage est tout à ses frais.

La mégerie aux 2/5 n'est que les 2/5 du vin pour le paysan, le reste des récoltes se partage avec le propriétaire, par égales portions.

CHAPITRE VIII.

Du bail à mégerie à la moitié.

D. Qu'est-ce que la mégerie à la moitié?

R. C'est un bail par lequel le propriétaire et le méger partagent entre eux, également, tous les fruits et récoltes de la propriété, et, dans ce cas, les obligations de l'un et de l'autre sont les mêmes que pour le bail à mégerie aux 2/5.

Quelle que soit la nature de ces baux, le propriétaire a le droit de retenir les fumiers et les pailles, en en payant la moitié au paysan, et celui-ci doit laisser, en sortant de la propriété, les capitaux en paille, foins et fumiers qu'il a trouvés en entrant. Le prélèvement de ces objets doit se faire, au profit du propriétaire, avant le partage.

Le propriétaire a encore le droit d'exiger que le cultivateur se procure les animaux nécessaires à l'exploitation de sa propriété, soit chevaux, mulets, ânes et cochons.

CHAPITRE IX.

Du bail à ferme.

D. Le bail à ferme est-il plus avantageux au paysan ?

R. Sans doute, parce que, moyennant une somme d'argent, il est le maître de toutes les récoltes de la propriété, et le propriétaire ne peut exiger de lui aucun des produits de celle-ci. Il ne reste à ce dernier que le droit de surveillance, afin d'empêcher qu'il ne se fasse rien de contraire à la conservation des bâtiments et des plantations.

Le fermier doit remplacer les arbres morts, et avertir le propriétaire des empiétements que les voisins pourraient tenter sur la propriété. Il est encore obligé de se fournir de tous les instruments aratoires et de tous les ustensiles nécessaires aux travaux et aux récoltes de toute nature, et de rendre en bon état ceux que le propriétaire aura laissé à ses soins.

Dans ce bail, tous les fumiers et toutes les pailles que le fermier possède à sa sortie, restent à la propriété, si le propriétaire l'exige; mais celui-ci doit en indemniser le fermier, en lui en payant la valeur.

Les règles, les usages et les lois, qui veulent que le fermier tienne le bien en bon père de famille et qu'il fasse les cultures selon les règles de l'art, à défaut de quoi ils sont soumis à l'estime d'experts, sont applicables à toutes les natures de baux ci-dessus.

CHAPITRE X.

Du bail à cheptel.

D. Qu'est-ce que le bail à cheptel ?

R. C'est un contrat par lequel un propriétaire de bestiaux donne à un berger un fonds de bétail, pour le garder, le nourrir et le soigner, sous les conditions convenues entre eux.

Il y a plusieurs sortes de cheptels, savoir : le cheptel simple ou ordinaire, le cheptel à moitié, le cheptel donné au fermier ou colon partiaire, etc., etc.

On peut donner à cheptel toute espèce d'animaux susceptibles de croît ou de profit, pour l'agriculture et le commerce.

DU CHEPTEL SIMPLE (1).

« Le bail à cheptel simple est un contrat par lequel
« on donne à un autre des bestiaux à garder, nourrir et
« soigner, à condition que le preneur (le berger) profi-
« tera de la moitié du croît et qu'il supportera aussi la
« moitié de la perte.

« Le preneur doit les soins d'un bon père de famille
« à la conservation du cheptel. Il ne peut disposer d'au-
« cune bête du troupeau, soit du fonds, soit du croît,
« sans le consentement du bailleur (le maître du trou-
« peau). »

DU CHEPTEL A MOITIÉ.

« Le cheptel à moitié est une société dans laquelle
« chacun des contractants fournit la moitié des bestiaux,
« qui demeure commune, pour le profit et la perte. »

(1) Articles 1804, 1806, 1818, 1821 du Code civil.

DU CHEPTEL DONNÉ PAR LE PROPRIÉTAIRE A SON FERMIER.

« Ce cheptel est celui par lequel le propriétaire d'une
« métairie la donne à ferme, à la charge, qu'à l'expira-
« tion du bail, le fermier laissera des bestiaux d'une
« valeur égale au prix de l'estimation de ceux qu'il
« aura reçus.

« A la fin du bail, le fermier ne peut retenir le chep-
« tel, en en payant l'estimation originaire ; il doit en
« laisser un de valeur pareille à celui qu'il a reçu. S'il
« y a du déficit, il doit le payer, et c'est seulement l'ex-
« cédent qui lui appartient. »

CHAPITRE XI.

Considérations générales sur l'exploitation d'une ferme.

D. Qu'entendez-vous par considérations générales ?

R. J'entends donner au cultivateur qui veut se char-
ger de l'exploitation d'une propriété rurale, quelques
avis qui lui aideront à franchir les grandes difficultés
qui se présentent, dans quelque genre d'exploitation
que ce soit ; avis qui ne sont que le résumé de l'opinion
de savants agronomes, amis de l'ordre, du travail, de
l'ouvrier rural et de leur pays.

D. Ayez donc la bonté de me donner vos instructions ;
je les écouterai attentivement et je tâcherai d'en profiter.

R. Le fermier doit considérer, en entrant dans la
propriété que, quelque courte que soit la durée de son
bail à ferme, il lui importe de faire les travaux urgents
que nécessite la prompte réparation des terres appau-

vries, par le manque de labours et d'engrais. Il doit
examiner, avec soin, l'état où se trouve cette propriété,
et ne pas négliger, la première année, la dépense qu'exigent les bons labours et les bonnes fumures. Il ne doit
pas rechercher, cette année-là de faire de grands bénéfices; car il ne pourra jamais obtenir de bonnes récoltes
que lorsqu'il aura préparé convenablement le terrain;
qu'il l'aura ameubli par de fréquents et profonds labours, faits dans les saisons opportunes. Il devra se hâter
de réparer aussi les vignobles qui auraient souffert par
de mauvaises cultures ou une taille défectueuse, faites
par ses prédécesseurs, et cette réparation ne peut pas
avoir lieu sans retrancher aux vignes des bras, des
coursons, et même des yeux à ceux-ci.

Quand un cultivateur se charge d'une mégerie, il
doit avoir, comme celui qui se charge d'une ferme, une
certaine somme pour faire les avances que nécessitent
les travaux, parce que les récoltes ne viennent que
dans l'été, et qu'il faut qu'il vive, avec sa famille, jusques à cette époque.

Il devra : 1° multiplier les animaux de rentes, comme
je l'ai dit plus haut, pour avoir des engrais et des produits par la vente après l'engraissement.

2° Avoir soin de profiter de tout pour la nourriture
de ceux-ci, et d'éviter qu'ils n'en gâtent; de n'employer
ses capitaux qu'avec économie, et de n'acheter que les
objets qu'il ne pourra faire lui-même ou faire faire à
ses gens.

3° Ne pas perdre de vue que le temps est précieux et
que, pour en profiter, il convient d'exécuter le plus
promptement possible les divers travaux, en commen-
çant toujours par les plus importants et les plus avan-

tageux à la vente. Il ne doit pas oublier que le temps perdu ne se récupère jamais, et conséquemment se bien garder de renvoyer au lendemain ce qu'on peut faire le jour-même, parce qu'une pluie survenue dans la nuit peut déranger l'ordre des travaux qu'il aurait arrêtés.

4° Faire bien comprendre aux ouvriers le travail dont il les charge et la manière dont il veut qu'ils le fassent, pour ne pas les obliger à le refaire ; car non seulement cela est une perte pour le fermier, mais encore un découragement pour le bon ouvrier, qui perd la confiance qu'il avait dans le savoir de son maître.

5° Être toujours le premier levé pour diriger chacun à sa besogne, parce que l'ouvrier qui sait que son maître est encore couché, ralentit son zèle et s'amuse avec ses camarades, s'il en a, au lieu d'aller travailler. Le maître doit également rentrer le dernier dans sa chambre, et s'assurer auparavant que tout le monde est couché et que les animaux ont été soignés.

6° Préparer dans sa tête, s'il ne sait pas écrire, ce qu'il doit commander pour les travaux du lendemain, afin de n'avoir pas l'air embarrassé ou indécis en les commandant. Il devra prévoir aussi à l'avance les travaux qu'il peut faire faire, dans le cas de pluies ou de fortes gelées, tels que fendre du bois ; nettoyer les écuries, les cloaques, *suyos*, pour en remuer et en entasser les fumiers ; nettoyer les garennes, les bergeries ; creuser des puisards ; faire ou réparer des claies en roseaux ; racommoder les harnais des chevaux, etc., etc.

7° Enfin, veiller attentivement aux récoltes, afin de ne pas les faire trop tard ; et, à cette époque, ou pour mieux dire à chacune de ces époques, préparer à l'avance tous les ustensiles, tous les instruments nécessaires, afin de les avoir prêts et en état le jour fixé pour chaque opération; car, quand on cherche quelque chose dans ces moments-là, on perd un temps bien précieux ; or, je ne saurais trop le répéter, le temps perdu ne se rattrape jamais.

Quand le fermier sait écrire, il doit tenir un cahier sur lequel il porte le jour de l'entrée, à son service, de chaque ouvrier ou ouvrière, et le montant des gages qu'il leur donne. Il ouvre ensuite à chacun un compte par *doit* et *avoir*, en ayant soin d'inscrire, successivement ce qu'il leur doit, par mois et par jour, et ce qu'il leur donne en à-compte, soit en argent, soit en fournitures d'objets d'habillement.

Il doit encore avoir un journal, ou soit un autre cahier sur lequel il portera, jour par jour, les opérations qu'il a fait faire, et un troisième cahier, qui lui servira de livre de caisse, et sur lequel il portera sommairement et en bloc les sommes reçues et dépensées dans le jour, afin de pouvoir, en tout temps, se rendre compte de l'état de ses finances. Il portera sur ce dernier cahier les denrées qu'il vendra et les fournitures qu'on lui aura faites. Il saisira, pour vendre ces premières, le moment favorable, afin d'en tirer le meilleur parti possible.

Le fermier qui a de jeunes enfants doit avoir soin de ne les employer que là où ils ne peuvent pas faire du mal, et leur défendre surtout de passer dans les vignobles, en quelque saison que ce soit, parce qu'ils ne font pas attention aux coursons des vignes, et les cassent sans le vouloir. Pour utiliser les enfants, il sera bon de les employer à transformer des produits de la ferme en d'autres produits. « L'industrie, dans une ex-

« ploitation rurale, a dit un de nos savants agronomes,
« est une des principales bases de l'aisance de la famille,
« et un auxiliaire puissant de la fécondité du sol. »
Ainsi le cultivateur doit élever des abeilles, des vers-à-
soie, et, quand il le peut, des troupeaux de brebis ou
de porcs, selon les localités.

C'est ainsi que le fermier pourra établir sa compta-
bilité sur des bases infaillibles, et qu'il finira par
réaliser ses espérances. Car l'agriculture, et je ne dois
pas me lasser de le dire, n'est point, comme l'industrie,
sujette à des fluctuations continuelles; ses gains sont
petits, mais ils sont assurés, parce que la terre produit
toujours, qu'elle n'a pas besoin pour cela de la pré-
voyance humaine, que ces productions sont le fait de
la nature, tandis que celles de l'industrie ne sont que
le fait de l'homme, trop souvent susceptible de vanité
et d'erreurs.

FIN

TABLE DES MATIÈRES.

Rapport fait au Comice agricole du canton d'Aubagne,
sur un ouvrage de M. Joseph Barbaroux, Président du
Comice . . . . *Pag.* 3

Avant-propos 5

PREMIÈRE PARTIE.

DE L'AGRICULTURE.

Chapitre Iᵉʳ. De la nature du sol, des engrais et des
agents fécondants. 11
Des engrais 13

» II. De la culture du sol et des instruments
aratoires 15

*Étude des travaux de préparation du sol ; des
conditions nécessaires à leur bonne exécution ; des moyens de les opérer le mieux et le
plus économiquement possible.*

Chapitre III. Étude des travaux de préparation du
sol 19

» IV. Des conditions nécessaires à leur bonne
exécution 20

» V. Des moyens de les opérer le mieux et le
plus économiquement possible . . 21

★

*Travaux de propagation des végétaux cham-
pêtres; des semis, des plantations et repiquages, etc.*

Chapitre VI. Travaux de propagation des végétaux
   champêtres par les semis . *Pag.* 21
   Des semis. 21
» VII. Travaux de propagation des végétaux
   champêtres par les boutures, par les
   drageons et par les marcottes . . 25
   Des boutures. 25
   Des drageons. 26
   Des marcottes. 27
» VIII. Des céréales et des légumes . . . 29
   Du seigle, de l'avoine et de l'orge. 30
   Du froment et des légumes . . 31
» IX. Des plantations. 32
   De la vigne. 32
   Du figuier. 34
» X. Des arbres en général 36
   De l'olivier. 38
   Du mûrier blanc 39
» XI. Des arbres fruitiers. 41
   De l'amandier. 41
   Du noyer et du poirier . . . 42
   Du mûrier à fruits noirs, du
   grenadier, de l'abricotier et du
   pêcher 42
   Du cérisier, du griottier, du juju-
   bier, du prunier et de l'azéro-
   lier 43
» XII. Des arbustes 43
   Du groseiller et du framboisier. 43
   Des aubépines et du pourpier de
   mer 44

Chapitre XIII. De la greffe. . . . . . . *Pag.* 45
 De la greffe en fente et de celle
  en couronne. 46
 Des greffes à l'œil poussant et
  dormant. 48
» XIV. Du repiquage 50
» XV. De la taille des arbres, et particuliè-
  rement de celle de la vigne et de
  l'olivier 51
  De l'olivier. 54
  De la vigne. 55
» XVI. De la floraison. 58

*Travaux d'entretien des cultures, pendant
qu'elles occupent le sol.*

Chapitre XVII. Des sarclages et des binages. . . 60
 XVIII. Des buttages. 62

Travaux qui ont pour but la récolte.

Chapitre XIX. Récolte des céréales et des légumes. 62
» XX. Récolte des raisins. 64
» XXI. Récolte des pommes de terre . . 68
» XXII. Récolte des haricots. 68
» XXIII. Récolte des amandes 69
» XXIV. Récolte des figues 70
» XXV. Récolte des jujubes et des grenades. 71
» XXVI. Récolte des bettes 72
» XXVII. Récolte des olives 74
» XXVIII. Des prairies 77

DEUXIÈME PARTIE.

DES ANIMAUX.

Animaux considérés comme agents d'un travail plus prompt, et par conséquent plus économique que celui de l'homme.

Chapitre I⁕. Chevaux, mulets, mules et bourriques . . . . *Pag.* 79
» II. Des bœufs, vaches et taureaux. . . 82

Animaux considérés comme production des engrais et de rente.

Chapitre III. Des chevaux, mulets et bourriques. 83
» IV. Des porcs. 83
» V. Des lapins et des cochons d'Inde . . 85
» VI. Des poules, des dindes, des canards et des pigeons 87
» VII. Des boucs, chèvres et chevreaux. . 89
» VIII. Des brebis, moutons, béliers et agneaux 90
» IX. Des bœufs, vaches, taureaux, veaux et genisses 93
» X. Des abeilles 95
» XI. Des vers-à-soie 98

TROISIÈME PARTIE.

DE L'ÉCONOMIE RURALE.

De l'économie agricole, des assolements et de la gestion du domaine.

Chapitre Ier. Des instruments aratoires . . *Pag.* 103
»   II. Des engrais 104
»   III. Des fourrages et des plantes fourra-
    gères 105
»   IV. Des bâtiments et des bâtisses . . 107
»   V. Des assolements 109

(Tableau des assolements entre les p. 112 et 113.)

De l'art de diriger une ferme dans son ensemble.

Chapitre VI. Du bail à mégerie au tiers 113
»   VII. Du Bail à mégerie aux 2|5 dit *cinquen.* 114
»   VIII. Du bail à mégerie à la moitié. . . 115
»   IX. Du bail à ferme 116
»   X. Bail à cheptel 117
    Du cheptel simple 117
    Du cheptel à moitié 117
    Du cheptel donné par le proprié-
    taire à son fermier 118
»   XI. Considérations générales sur l'exploi-
    tation d'une ferme 118

FIN DE LA TABLE.

Pièce de terre de la contenance de **100** mètres de largeur, divisée en **20** soles.

	5 mètres, 1re sole.	5 mètres, 2e sole.	5 mètres, 3e sole.	5 mètres, 4e sole.	5 mètres, 5e sole.	5 mètres, 6e sole.	5 mètres, 7e sole.	5 mètres, 8e sole.	5 mètres, 9e sole.	5 mètres, 10e sole.
1re ANNÉE.	Blé.	Fèves.	Blé.	Petits pois.	Blé.	Pom. de terre.	Blé.	Vesce.	Blé.	Pois pointus.
2me id.	Fèves.	Blé.	Petits pois.	Blé.	Pom. de terre.	Blé.	Vesce.	Blé.	Pois pointus.	Blé.
3me id.	Blé.	Petits pois.	Blé.	Pom. de terre.	Blé.	Vesce.	Blé.	Pois pointus.	Blé.	Lentilles.
4me id.	Petits pois.	Blé.	Pom. de terre.	Blé.	Vesce.	Blé.	Pois pointus.	Blé.	Lentilles.	Blé.
5me id.	Blé.	Pom. de terre.	Blé.	Vesce.	Blé.	Pois pointus.	Blé.	Lentilles.	Blé.	Avoine.
6me id.	Pom. de terre.	Blé.	Vesce.	Blé.	Pois pointus.	Blé.	Lentilles.	Blé.	Avoine.	Blé.
7me id.	Blé.	Vesce.	Blé.	Pois pointus.	Blé.	Lentilles.	Blé.	Avoine.	Blé.	Haricots.
8me id.	Vesce.	Blé.	Pois pointus.	Blé.	Lentilles.	Blé.	Avoine.	Blé.	Haricots.	Blé.
9me id.	Blé.	Pois pointus.	Blé.	Lentilles.	Blé.	Avoine.	Blé.	Haricots.	Blé.	Orge.
10me id.	Pois pointus.	Blé.	Lentilles.	Blé.	Avoine.	Blé.	Haricots.	Blé.	Orge.	Blé.
11me id.	Blé.	Lentilles.	Blé.	Avoine.	Blé.	Haricots.	Blé.	Orge.	Blé.	Seigle.
12me id.	Lentilles.	Blé.	Avoine.	Blé.	Haricots.	Blé.	Orge.	Blé.	Seigle.	Blé.
13me id.	Blé.	Avoine.	Blé.	Haricots.	Blé.	Orge.	Blé.	Seigle.	Blé.	Fèves.
14me id.	Avoine.	Blé.	Haricots.	Blé.	Orge.	Blé.	Seigle.	Blé.	Fèves.	Blé.
15me id.	Blé.	Haricots.	Blé.	Orge.	Blé.	Seigle.	Blé.	Fèves.	Blé.	Petits pois.
16me id.	Haricots.	Blé.	Orge.	Blé.	Seigle.	Blé.	Fèves.	Blé.	Petits pois.	Blé.
17me id.	Blé.	Orge.	Blé.	Seigle.	Blé.	Fèves.	Blé.	Petits pois.	Blé.	Pom. de terre.
18me id.	Orge.	Blé.	Seigle.	Blé.	Fèves.	Blé.	Petits pois.	Blé.	Pom. de terre.	Blé.
19me id.	Blé.	Seigle.	Blé.	Fèves.	Blé.	Petits pois.	Blé.	Pom. de terre.	Blé.	Vesce.
20me id.	Seigle.	Blé.	Fèves.	Blé.	Petits pois.	Blé.	Pom. de terre.	Blé.	Vesce.	Blé.

	5 mètres, 11e sole.	5 mètres, 12e sole.	5 mètres, 13e sole.	5 mètres, 14e sole.	5 mètres, 15e sole.	5 mètres, 16e sole.	5 mètres, 17e sole.	5 mètres, 18e sole.	5 mètres, 19e sole.	5 mètres, 20e sole.
1re ANNÉE.	Blé.	Lentilles.	Blé.	Avoine.	Blé.	Haricots.	Blé.	Orge.	Blé.	Seigle.
2me id.	Lentilles.	Blé.	Avoine.	Blé.	Haricots.	Blé.	Orge.	Blé.	Seigle.	Blé.
3me id.	Blé.	Avoine.	Blé.	Haricots.	Blé.	Orge.	Blé.	Seigle.	Blé.	Fèves.
4me id.	Avoine.	Blé.	Haricots.	Blé.	Orge.	Blé.	Seigle.	Blé.	Fèves.	Blé.
5me id.	Blé.	Haricots.	Blé.	Orge.	Blé.	Seigle.	Blé.	Fèves.	Blé.	Petits pois.
6me id.	Haricots.	Blé.	Orge.	Blé.	Seigle.	Blé.	Fèves.	Blé.	Petits pois.	Blé.
7me id.	Blé.	Orge.	Blé.	Seigle.	Blé.	Fèves.	Blé.	Petits pois.	Blé.	Pom. de terre.
8me id.	Orge.	Blé.	Seigle.	Blé.	Fèves.	Blé.	Petits pois.	Blé.	Pom. de terre.	Blé.
9me id.	Blé.	Seigle.	Blé.	Fèves.	Blé.	Petits pois.	Blé.	Pom. de terre.	Blé.	Vesce.
10me id.	Seigle.	Blé.	Fèves.	Blé.	Petits pois.	Blé.	Pom. de terre.	Blé.	Vesce.	Blé.
11me id.	Blé.	Fèves.	Blé.	Petits pois.	Blé.	Pom. de terre.	Blé.	Vesce.	Blé.	Pois pointus.
12me id.	Fèves.	Blé.	Petits pois.	Blé.	Pom. de terre.	Blé.	Vesce.	Blé.	Pois pointus.	Blé.
13me id.	Blé.	Petits pois.	Blé.	Pom. de terre.	Blé.	Vesce.	Blé.	Pois pointus.	Blé.	Lentilles.
14me id.	Petits pois.	Blé.	Pom. de terre.	Blé.	Vesce.	Blé.	Pois pointus.	Blé.	Lentilles.	Blé.
15me id.	Blé.	Pom. de terre.	Blé.	Vesce.	Blé.	Pois pointus.	Blé.	Lentilles.	Blé.	Avoine.
16me id.	Pom. de terre.	Blé.	Vesce.	Blé.	Pois pointus.	Blé.	Lentilles.	Blé.	Avoine.	Blé.
17me id.	Blé.	Vesce.	Blé.	Pois pointus.	Blé.	Lentilles.	Blé.	Avoine.	Blé.	Haricots.
18me id.	Vesce.	Blé.	Pois pointus.	Blé.	Lentilles.	Blé.	Avoine.	Blé.	Haricots.	Blé.
19me id.	Blé.	Pois pointus.	Blé.	Lentilles.	Blé.	Avoine.	Blé.	Haricots.	Blé.	Orge.
20me id.	Pois pointus.	Blé.	Lentilles.	Blé.	Avoine.	Blé.	Haricots.	Blé.	Orge.	Blé.